메뉴개발을 위한

수정판

실험조리

변진원 / 현영희 / 송주은 / 김경민

지구문화사
JIGU PUBLISHING Co.

머리말

현대 사회는 고도의 산업발달과 더불어 식생활이 다양화되고 간편화되었습니다. 식품 또한 여러 가지 조리과정을 통하여 물리적 화학적으로 성분이 변화되면서 퓨전 음식 등 다양한 음식으로 변모하고 있습니다. 그러나 조리과정이 음식의 색과 맛, 형태, 풍미에 영향을 미치게 됨으로써, 기호성을 좌우하는 원인이 된다는 데에는 변함이 없습니다.

실험조리는 조리원리에서 습득한 과학적인 이론을 실제 실험실습을 통하여 확인하고 이와 관련된 유사한 반응을 예측함으로서 과학적 · 경제적인 조리를 할 수 있는 능력을 배양하며 이를 메뉴 개발에 적용하는 실용학문입니다.

본 교재는 실험조리개론, 기초조리, 한국조리, 외국조리의 4단원으로 구분하여 구성되었습니다. 그리고 각 단원마다 기초조리, 한국조리, 외국조리에서 많이 이용되는 식품 및 음식을 주제로 선정하여 수록하였습니다. 또한 실험과정에 대한 학생들의 이해를 돕기 위해 flow chart를 활용하여 도식화하였습니다.

학생들에게 조리과정에서 나타나는 변화를 관찰하고 이론적인 배경을 학습함으로써 창의적인 음식조리를 발전시켜 실생활에 응용할 수 있도록 하고자 하는 목적으로 집필된 이 교재가 식품영양 및 조리 관련 전공 학생들의 역량을 향상시킬 수 있는 좋은 지침서로 활용되기를 바랍니다.

이 책은 필자들이 오랜 동안의 강의내용을 토대로 정리하였습니다. 그러나 미처 발견하지 못한 미흡한 부분이 있을 것으로 사료되어 앞으로도 쉼 없는 연구를 통해 수정보완할 것을 약속드립니다.

끝으로 본 교재가 출판되기까지 힘써 주신 시구문화사의 수병오 사장님과 직원 여러분께 깊은 감사를 드립니다.

정유년 새 봄에

필 자 씀

차례

Chapter 1 실험조리 개론

Chapter 2 기초조리

Contents

Chapter 3 한국조리

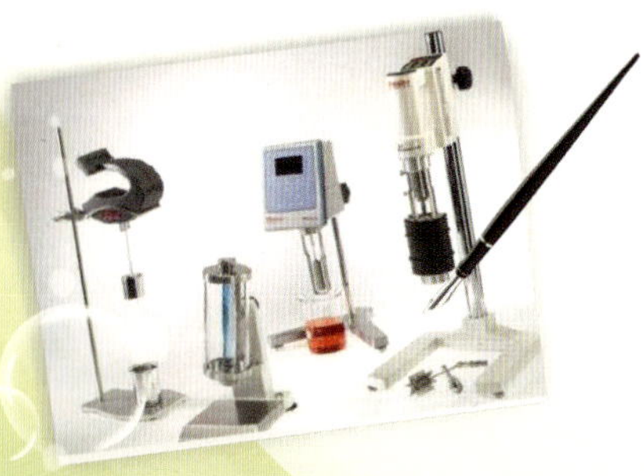

Contents

Chapter 4 외국조리

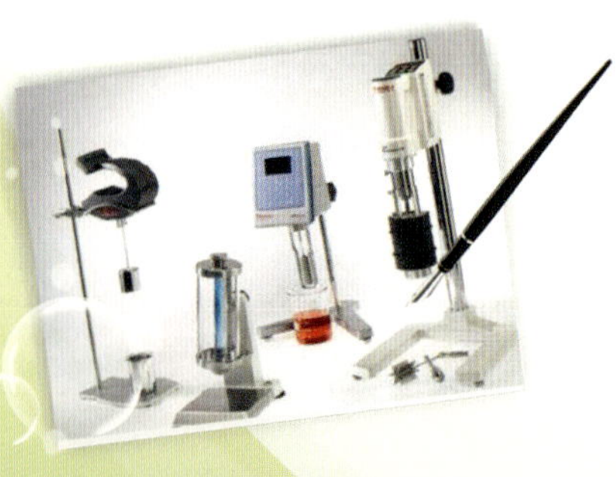

Chapter 1
실험조리 개론

Section 1 실험조리의 의의

사회가 발달하고 소득수준이 향상되면서 여가생활을 즐기려는 사람들이 많아짐에 따라 미식가들이 등장하고, 식품과 조리에 대한 관심이 증가되면서 몸에 좋은 식품을 위생적이고 맛있게, 또 재현성 있게 조리하여 먹을 수 있는 방법을 연구하게 되었다.

과거의 조리는 경험에 의한 짐작으로 시작하여 여러 번의 반복을 통해 정교한 기술로까지 발전시켰지만 현대는 좀 더 과학적으로 체계화 · 표준화할 필요성이 대두되고 있다. 그러나 조리의 과정에는 화학, 생물학, 물리학 등 여러 가지 요인들이 개입되기 때문에 과학적으로 설명하는 것이 그리 간단하지가 않다.

조리실험은 조리를 과학적인 측면으로 접근하여 여러 조건에 따라 시행하면서 그 조건별 결과에 대한 과학적인 설명을 토대로 하여 새로운 조리기술의 습득과 메뉴 개발을 가능하게 하며 바람직한 식생활 지도에도 많은 영향을 주고 있다.

Section 2 조리실험을 하는 자세

(1) 실험 목적과 계획 및 준비물 등을 충분히 파악한다.

실험에 들어가기 전에 무엇을 위한 실험인가, 어떤 과정을 거치는가, 준비물은 어떤 것이 있는가, 주의해야 할 사항은 무엇인가 등을 잘 이해하여야 성공적인 실험이 될 수 있다. 또 메모지를 준비하여 실험이 진행되는 상황을 기록해야 하며, 실험이 끝난 후에는 그 결과를 기록 및 정리하여야 한다.

(2) 실험실에서의 규칙과 예절을 잘 지킨다.

실험실은 학문의 장이며, 여러 사람들이 함께 사용하는 공간이므로 경솔한 행동은 하지 않아야 한다. 또 실험실 내에는 실험에 필요한 약품과 기구 등이 있는데, 경우에 따라서는 이러한 도구들이 위험할 수 있기 때문에 항상 조심스럽게 다루어야 하고, 이해가 되지 않는 부분은 즉시 질문하도록 하며, 수업진행자의 지시에 잘 따라야 한다.

(3) 적극적인 자세로 임한다.

팀으로 수행되는 실험에 대해 역할 분담을 하고, 각자 맡은 일을 책임있고 정확하게(온도, 시간, 시료의 양, 농도 등) 수행한다.

(4) 위험방지와 화재대책을 잘 익힌다.

실험실에서는 뜻하지 않게 큰 부상을 입는 경우가 있다. 이러한 때는 응급처치를 한 후에 빨리 의사의 치료를 받아야 한다.

① 다쳤을 때

기구를 씻을 때는 세제가 손에 묻어 있어서 미끄러우므로 주의해야 한다. 유리로 된 기구에 베었을 경우는 지혈을 시킨 뒤에 보건실로 가야 하고, 만약에 유리의 파편이 눈에 들어갔다면 즉시 흐르는 물로 씻어내는 것이 좋다. 하지만 그래도 해결되지 않는 경우에는 눈을 문지르지 말고 즉시 안대를 한 후, 가능한 한 눈을 깜박거리지 않도록 주의하면서 안과의사에게 가야 한다.

② 불이 났을 때

불을 사용하는 실험을 할 때는 실험내 주변에 인화성 물질이 있는지를 살펴야 한다. 만일에 화재가 발생했을 경우에는 당황하지 말고, 미리 준비해 둔 소화기를 사용한다. 신체나 옷에 불이 붙었을 때는 바닥에 누워 뒹굴어서 불을 끄는 것이 가장 좋다.

③ 약품이 닿았을 때

산, 알칼리, 유해성 약품에 닿지 않도록 주의한다. 실수로 이러한 약품이 눈에 들어갔을 때는 흐르는 물로 약 20~30분 동안 계속해서 잘 씻어내야 한다.

(5) 실험실은 청결히 한다.

실험실, 실험대, 기구 등은 항상 깨끗하게 유지될 수 있도록 정리정돈을 잘 하여야 한다. 조리실험에서는 화학실험 때의 주의사항을 지키는 것이 당연하지만, 그 밖에도 각종 식품 등을 사용하기 때문에 부패나 위생 등의 관리에도 주의할 필요가 있다.

Section 3 실험보고서 작성방법

보고서 작성은 실험과정 못지 않게 중요하다. 보고서는 실험 결과를 있는 그대로 기록하도록 하고, 실험을 하면서 느낀 점 등도 함께 기록한다. 실험보고서에 기록되는 사항은 다음과 같다.

① 실험 제목

② 실험 날짜

③ 실험 목적 : 실험을 통해 알고자 하는 내용을 이해하기 쉽게 기록한다.

④ 재료 및 분량 : 실험에 사용된 재료와 분량을 기록한다.

⑤ 기기 및 기구 : 실험에 사용된 기기와 기구를 기록한다.

⑥ 실험 방법 : 실험 방법을 기록하고, 주의할 점 등을 상세하게 기록한다.

⑦ 실험 결과 : 계산식 등 그 결과가 나오게 된 과정을 상세히 쓰고 측정치 및 관찰 결과를 표나 그림으로 이해하기 쉽도록 기록한다.

⑧ 고찰 : 결과를 간단히 요약하여 설명하고 실험에 관한 문헌을 조사하여 그 결과에 대한 이유와 가능한 추론을 서술한다.

⑨ **참고문헌** : 보고서 작성에 참고한 문헌에 대해 저자, 책명(또는 논문 제목), 페이지, 출판사(또는 학술지명), 연도의 순서로 기록하며, 참고한 인터넷 사이트도 기록한다.

Section 4 기기 및 기구의 종류와 사용법

재료를 정확하게 계량하는 방법과 계량기구에 대한 올바른 지식을 가지고 있다면 재료의 낭비없이 맛있게 조리할 수가 있다.

(1) 계량기구

① 계량컵(Measuring Cup)

계량컵은 식품재료의 부피를 계량할 때에 사용하는 기구이다. 스테인레스 스틸, 유리, 파이렉스 등의 재질을 사용한다. 우리나라에서는 미터(meter)법에 의해 1C(Cup)을 200mL로 규정하고 있으나, 서양에서는 1C이 약 240mL이므로 주의해야 한다.

② 계량스푼(Measuring Spoon)

조미료의 부피를 계량할 때 사용한다. 큰술(테이블스푼, Ts)과 작은술(티스푼, ts)로 구분되며, 1큰술(15mL)은 3작은술(5mL)과 같은 양이다.

그림 1-1 계량컵

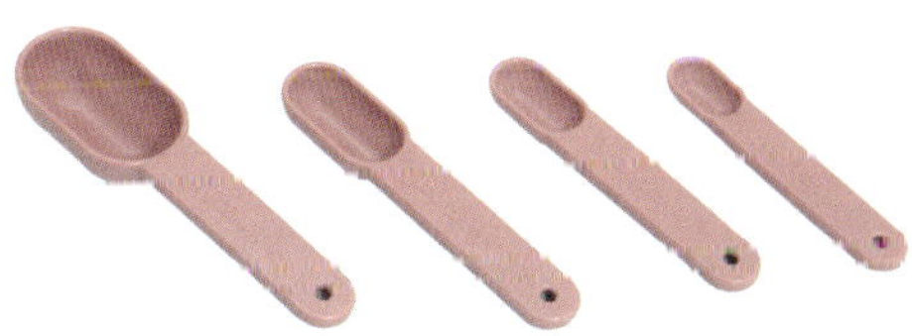

그림 1-2 계량스푼

③ 전자 저울

무게를 측정하기 위해 저울을 사용할 때는 사용 전에 수평인 곳에서 0점을 맞추어야 한다. 또한, 저울에는 측정 가능한 최대 무게가 있으므로 이 범위 안에서 계량하도록 하며 사용 후에는 이물질들이 남아 있지 않도록 깨끗이 닦아 둔다.

④ 조리용 시계(Timer)

음식을 알맞게 조리하기 위해서는 조리시간이 매우 중요하다. 조리시간을 조절하기 위해서는 타이머나 스톱워치(Stop watch)를 사용하는데, 예정된 시간에 벨이 울리는 타이머를 이용하면 편리하다.

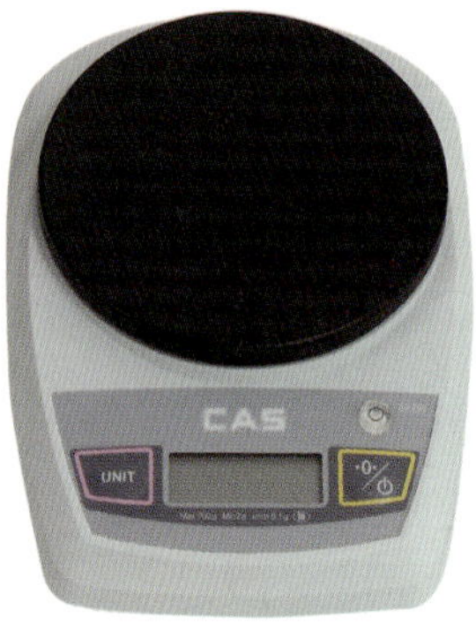

그림 1-3 전자 저울

그림 1-4 조리용 시계

⑤ 온도계

온도계 종류로는 알코올온도계와 수은 온도계, 적외선 온도계 등이 있다. 용도에 따라 육류용, 오븐용, 캔디용 등으로 구분하여 사용하고 있다.

온도는 섭씨와 화씨로 표시하는데, 섭씨(°C : Centigrade)는 물의 끓는점을 100°C에 어는점을 0°C로 하여 그 사이를 100등분하여 나타낸다. 화씨(°F : Fahrenheit)는 끓는점을 212°F에 어는점을 32°F로 하여 그 사이를 180등분하여 표시한다.

우리 나라에서는 섭씨를 많이 사용하고 있기 때문에 화씨를 섭씨로 변환시키는 방법을 알아두는 것이 좋다.

$$°C = (°F - 32) \div 1.8$$

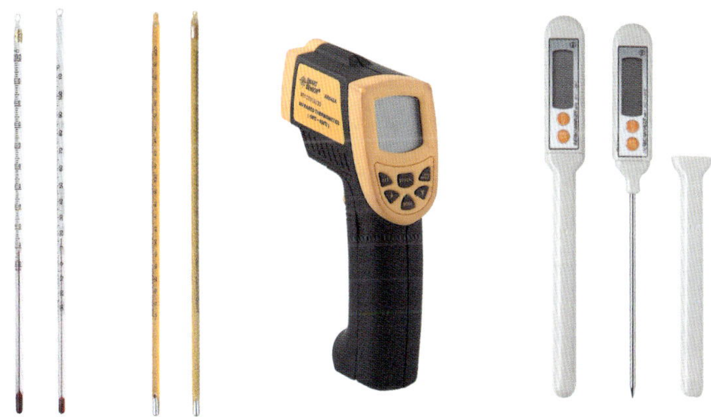

알코올온도계　수은온도계　적외선온도계　탐침온도계

그림 1-5　온도계

(2) 초자기구

여러 가지 기능을 갖춘 모양과 다양한 재질 및 용량 등의 여러 가지 실험기구가 있으므로 실험의 성질이나 목적에 적합한 것을 선택하여 사용하는 것이 중요하다.

① 비커(Beaker)

비커는 액체를 담아서 가열, 냉각, 교반 등의 조작을 하는 데 사용한다. 보통 얇은 경질유리로 되어 있으며, 그 밖에 보통유리 · 착색유리 · 파이렉스 · 석영유리 등으로 만든 것도 있고, 자기 · 백금 · 법랑철기 등으로 만든 것도 있다.

액체를 붓는 주둥이가 달려 있다. 용량은 50, 100, 200, 300, 500, 1,000mL 등 다양하다. 열에는 강하지만 작은 충격에도 깨지기 쉬우므로 주의해서 사용한다.

비커에는 개략적인 양을 파악하기 위해 눈금이 표시되어 있으나 이는 정확한 표시가 아니므로 계량의 도구로 사용할 수 없다.

② 플라스크(Flask)

가는 원통형의 목부와 여러 가지 모양의 몸통부를 가진 용기로, 보통은 얇은 유리제인데 석영제(石英製)인 것과 드물게는 금속제의 것도 있다. 목적에 따라 여러 가지 플라스크가 사용된다. 삼각 플라스크는 비커와 비슷한 용도로, 둥근 바닥 플라스크는 증류 등에 사용된다. 또 메스 플라스크(용량 플라스크)는 정확한 눈금이 표시되어 있어 액체의 부피를 재거나 일정한 농도의 용액을 만드는 데 사용된다.

그림 1-6 비커

그림 1-7 삼각 플라스크

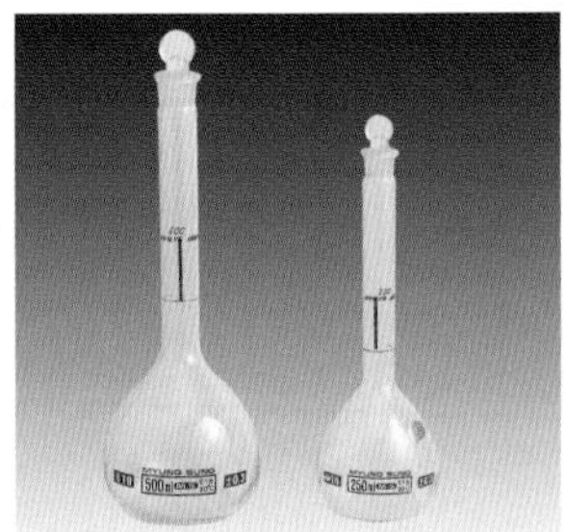

그림 1-8 메스 플라스크

③ 메스실린더(Measuring cylinder)

액체의 부피를 측정하는 실험기구로서, 측정할 때에는 수직으로 세우고 액체를 부은 다음에 액체 면의 높이와 일치하는 원통면의 눈금을 읽어서 부피를 잰다. 액체의 눈금을 읽을 때는 실린더를 수평상태에 놓고 눈높이를 액체표면의 밑선과 일치하여 읽어야 한다.

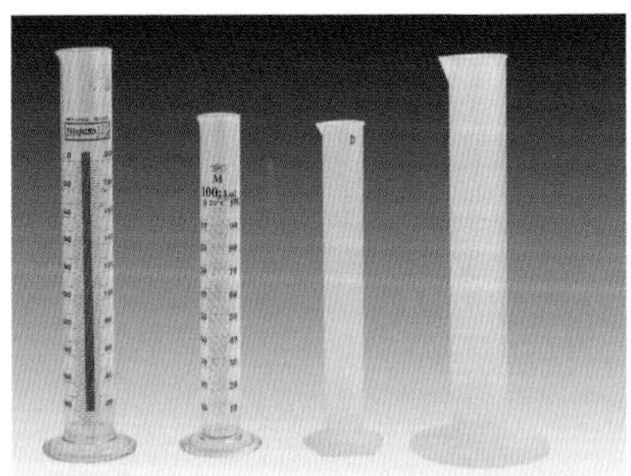

그림 1-9 메스실린더

④ 피펫(Pipet)

적은 양의 액체를 정밀하게 측정하기 위한 기구이며, 보통은 유리제로 1~50mL의 용량이 있다.

종류로는 1개의 눈금까지 채운 액체의 전 배출량을 측정하는 전용 피펫(홀 피펫)과 세밀하게 표시된 눈금에 의하여 배출량을 조절하면서 측정하는 메스 피펫이 있다. 요즘에는 원하는 액체의 양을 정하고 고무관을 씌운 뒤에 손잡이를 눌러서 쉽게 용액을 흡입하는 자동피펫이 많이 이용되는데 이것은 미량의 액체도 정확하게 계량되는 장점이 있다.

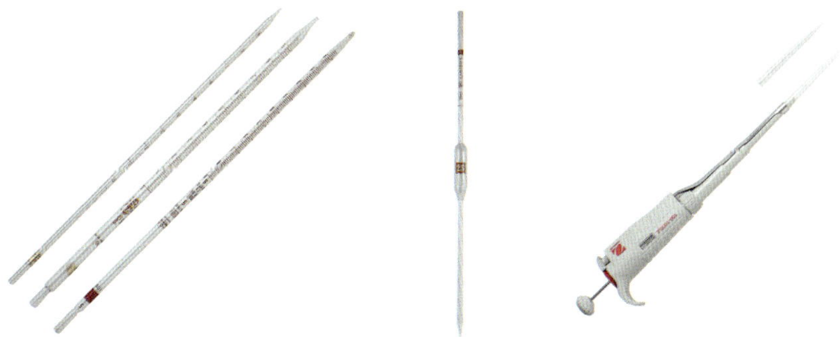

메스 피펫 홀 피펫 자동 피펫

그림 1-10 피펫

(3) 측정기기

① 굴절 당도계

빛의 굴절률을 이용하여 용액의 당농도를 측정하는 것으로, 적은 양의 시료로도 측정이 가능하며 간편하게 사용할 수 있는 장점이 있다. 반면 당분과 함께 용액에 녹아 있는 다른 성분(염, 알코올 등)도 같이 측정되므로 식품에 따라 오차가 발생할 수 있으니 주의해야 한다. 기기에 따라 측정가능한 당 농도 범위가 제한되어 있으므로 적성한 범위의 것을 선택한다.

② 염도계

용액 내 염의 농도를 측정하는 것으로, 종류로는 굴절률을 이용한 것(당도계와 같은 원리)과 전기전도도 측정방식을 이용한 디지털 염도계가 있다.

그림 1-11 당도계

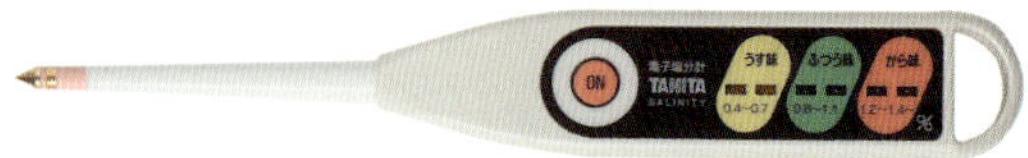

그림 1-12 염도계

③ pH 미터(Meter)

용액의 pH(산도)를 측정하는 데 이용되는 기구이다. 용액 중에 2개의 전극을 삽입하여 전기를 형성시키고, 이에 따라 나타나는 전위차를 측정한다. 전극으로는 유리, 수소, 안티몬 등의 여러 종류가 있다. 일반적으로 유리전극을 사용한 pH미터가 가장 널리 쓰이고 있다.

근래에는 휴대용 기기로 간단히 산도를 측정할 수 있으며 부정확하긴 하지만 대략의 범위를 쉽게 측정하기 위해 pH paper를 쓰기도 한다.

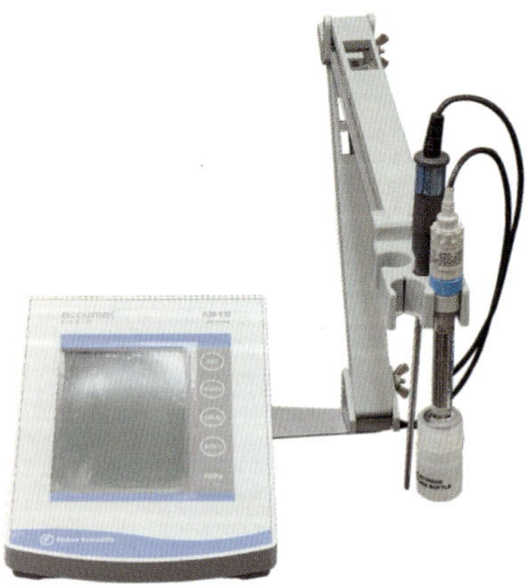

pH meter

pH meter(휴대용)

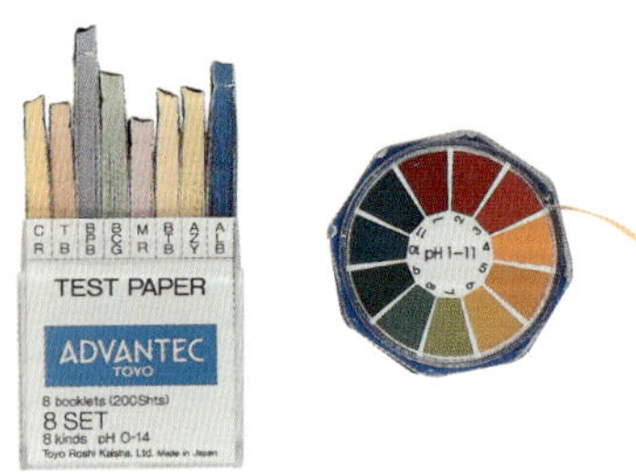

pH paper

그림 1-13 pH 미터

③ 점도계(Viscometer)

유체의 점도를 측정하는 장치이다. 측정원리에 따라 모세관 점도계, 낙체 점도계, 회전 점도계, 진동 점도계, 평행평판 점도계 등 5종류로 분류할 수 있다. 가장 기본적인 점도계는 모세관 점도계인 오스트발트 점도계(Ostwald viscometer)로 U자 모양의 관 한 쪽에 시료를 넣어서 반대편의 모세관으로 흘러가게 하여 눈금 사이를 통과하는 데 걸리는 시간을 측정하여 환산하는 방법으로 점도를 측정한다. 근래에는 회전식 브룩필드 디지털 점도계를 사용하여 간편하게 점도를 측정한다.

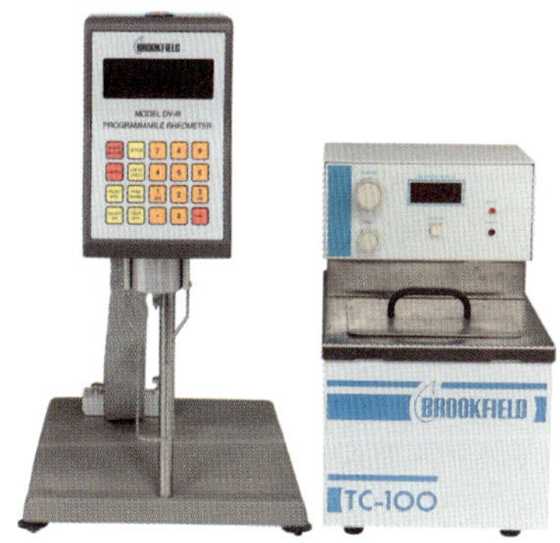

그림 1-14 점도계

④ 텍스츄로미터(Texturometer)

식품의 질감을 정량적으로 측정하는 기기로 입안에서의 씹는 작용을 모방하여 만든 것이다. 치아에 해당하는 플런저(plunger)가 상하 운동할 때의 시료에 대한 저작력이 검출됨으로써, 힘-시간 곡선으로 나타난다. 이 곡선으로부터 경도, 응집성, 탄력성, 부착성, 무름, 껌성, 저작성을 해석할 수 있다.

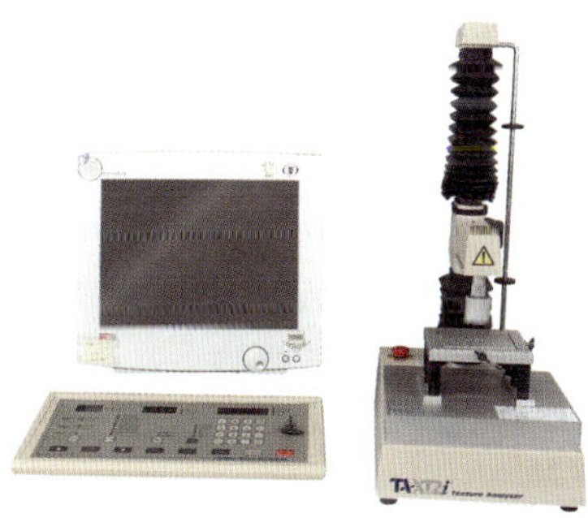
그림 1-15 텍스츄로미터

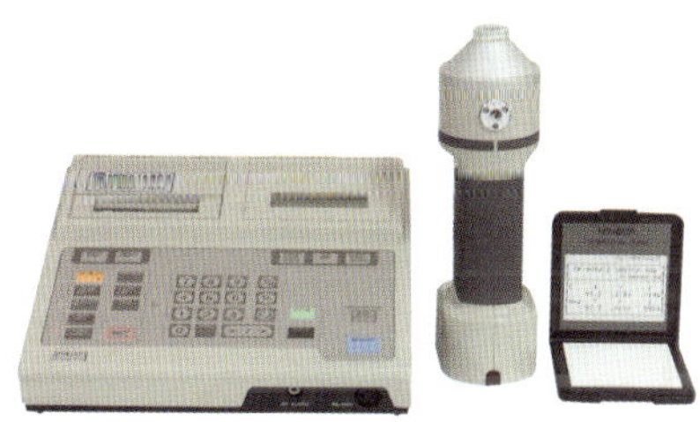
그림 1-16 색차계

⑤ 색차계(Color Difference Meter)

색을 측정한 후 이것을 숫자로 표시하여 시료 간 색의 차이를 측정하는 기기이다.

Section 5 관능검사

관능검사는 미리 계획된 조건하에서 인간의 오감(시각, 후각, 미각, 청각, 촉각)을 사용하여 품질 특성을 평가하고 판정하는 검사 방법으로, 과학적인 방법으로 실시해야 하고 결과는 재현성이 있어야 하며 통계학적으로 분석하여 신뢰성 있는 결론을 내려야 한다.

관능검사는 신제품 개발, 기존 제품의 품질 향상, 원가절감, 공정개선, 품질관리, 품질 수명의 측정, 소비자 선호도 조사 등 다양한 분야에서 활용된다.

(1) 관능검사 평가원의 구성 및 훈련

관능검사평가원(pannel: 패널)은 일반적으로 미각에 대해 정상적인 감수성이 있는 건강한 성인 남녀로서 관능검사에 대한 의욕이 많고 음식에 대한 편견이 없어야 한다. 분석형 관능평가에는 경험이 있거나 훈련에 의해 식별능력이 있는 패널로 1회에 10명 정도가 필요하고, 기호형 관능평가에는 경험이나 훈련이 필요하지는 않지만 분석형 방법에 비해 많은 수의 패널이 필요하여 조사 크기에 따라 다르지만 보통 40~200명 정도를 대상으로 한다.

(2) 관능검사실의 조건

바람직한 관능검사실의 환경은 밝고 쾌적하며 냄새나 자극 또는 심리적인 장애 요소가 없어야 한다. 즉, 검사실 내에는 검사물을 평가하면서 서로 의견을 교환하지 않고 정신을 집중할 수 있도록 개별 칸막이실(booth)을 설치하고, 조명은 태양광선과 인공조명을 같이 사용하며, 냄새가 쉽게 제거되도록 환기시설을 설치하고, 시료를 맛본 후 다음에 시료를 맛보기 위해 입안을 헹구어야 하므로 급수와 배수 시설도 갖추도록 한다.

(3) 관능검사 용지의 작성

검사항목은 실험과 조사의 목적에 따라 다르지만 식품의 관능적 특성을 모양·색·맛·향·식감 등의 항목으로, 또는 이러한 모든 것을 고려한 총괄적인 항목으로 작성한다. 질문은 모든 패널들이 잘 이해할 수 있도록 간단명료하게 작성하고, 질문 양식이 결정되면 예비 검사를 하여 질문에 문제점이 없는가를 검토하여야 한다. 검사 일시와 패널번호 및 시료번호 등은 반드시 기입해야 하고, 필요에 따라 패널의 나이나 성별 등도 기입할 수 있다.

(4) 관능검사 시료의 제시

① **시료** : 동일한 크기와 색, 모양으로 검사에 요구되는 충분한 양을 보통 일상생활에서 섭취하는 온도로 제공한다.

② **용기** : 동일한 용기에 담아서 제공한다.

③ **표기** : 시료를 구별하기 위한 검사번호는 편견이 없도록 보통 난수표(32쪽 참조)를 이용하여 3자리 숫자를 사용한다.

④ **시료의 수** : 많은 수의 시료를 검사하게 되면 피로와 감각의 둔화로 평가를 제대로 수행할 수 없으므로, 시료의 종류에 따라 한 번에 평가할 수 있는 검사물의 수를 조절한다. (양념이나 자극이 강한 시료는 2개 정도로 제한)

⑤ **제시 순서** : 시료가 지급되는 순서에 따라 심리적으로 선택되기 쉬운 위치가 있으므로 위치효과를 없애기 위해서 배치순서를 랜덤(random)으로 하는 것이 좋다. 또 맛을 비교할 때도 최초의 자극을 과대평가하는 경향이 있기 때문에 그 순서효과를 없애기 위하여 배치 순서를 랜덤으로 한다.

(5) 관능검사방법

식품의 관능검사는 다양한 방법이 개발되고 있는데, 크게 분석형과 기호형으로 구분된다.

[분석형]

검사시료의 성질을 조사하는 방법으로, 시료 간 차이나 특성의 강도, 성질의 묘사 등을 목적으로 실시한다. 차이식별검사와 묘사분석으로 구분된다.

① 차이식별검사

관능검사에 가장 널리 사용되는 방법으로 검사물 사이에 차이가 있는지를 알아보는 것이다. 차이식별검사는 크게 두 종류로 나뉘는데 하나는 검사물 간의 전체적인 차이 유무를 조사하는 종합적 차이검사로 단순차이검사, 삼점검사, 일-이점검사가 있다. 다른 하나는 검사물 사이에 한 가지 특성에 대한 차이를 조사하는 특성차이검사로 이점비교검사, 순위법, 평점법 등이 있다.

② 묘사분석

소수의 훈련이 잘된 관능검사요원들에 의해 시료에서 감지되는 모든 관능적 특성(맛, 냄새, 텍스쳐, 색, 소리 등)을 용어로 묘사하고 그 강도를 양적으로 표시하는 방법으로 시료의 관능적 특성을 종합적으로 나타내는 데 사용된다. 방법으로는 향미 프로필, 텍스처프로필, 정량적 묘사분석 등이 있다.

[기호형]

검사시료에 대한 사람의 기호나 수요성을 조사하는 방법으로 개발된 제품을 시장에 판매하기 전에 소비자를 대상으로 그들의 반응을 조사하는 목적으로 이용되고 있다.

(6) 데이터의 집계와 분석

관능검사한 자료는 통계 프로그램인 SAS(Statistical Analysis System)나 SPSS(Statistical Package for Social Science)를 이용하여 분석한다.

(7) 관능검사 실시 순서도

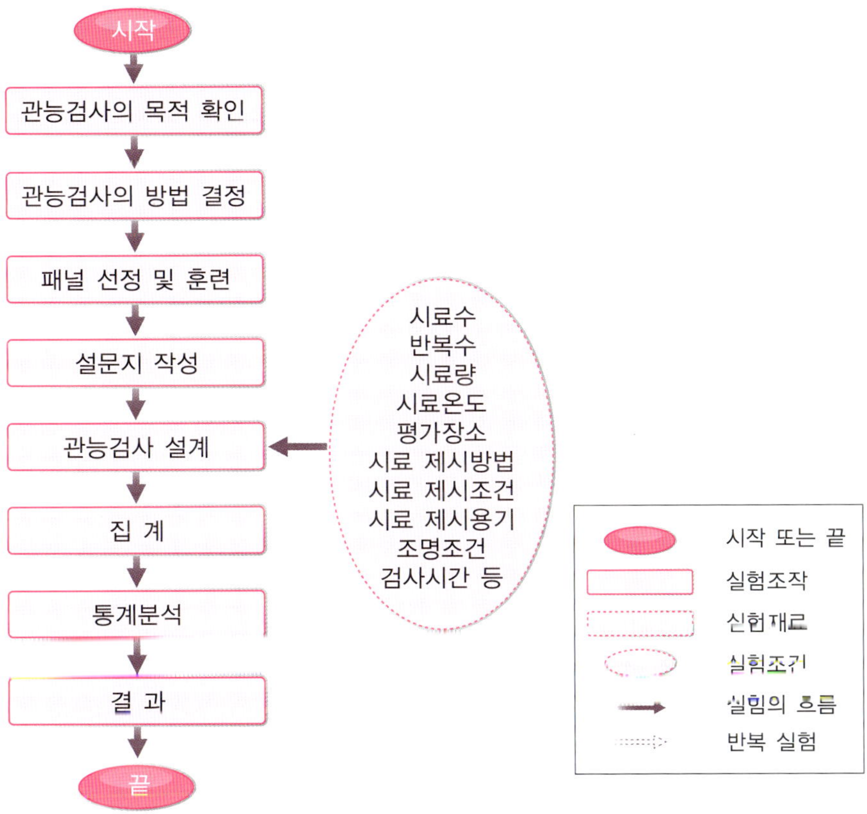

Chapter 2 기초 조리

실험 1. 기본 맛의 역치 조사
2. 우유와 두유를 넣은 코코아에 대한 차이 평가
3. 각종 식품의 계량
4. 고체 식품의 부피 측정
5. 식품의 목측량 측정
6. 각종 식품의 폐기율
7. 건조식품의 흡수율 및 흡수속도 비교
8. 설탕용액의 가열시 특성 비교
9. 밀가루 종류에 따른 글루텐 함량 비교
10. 첨가물질에 따른 콩 질감의 변화
11. 조미방법에 따른 고기의 연화 효과
12. 가열에 의한 우유의 변화
13. 산에 의한 우유의 응고특성 비교
14. 효소에 의한 우유의 응고특성 비교
15. 물의 온도 및 가열시간에 따른 달걀의 응고 특성 비교
16. 첨가물질에 따른 젤라틴의 응고특성 비교
17. 첨가물에 따른 여러 채소의 색과 질감의 변화
18. 첨가물에 따른 사과의 갈변 비교

실험 1 기본 맛의 역치 조사

맛의 감각은 나이, 성별, 훈련의 정도, 인종에 따라서 다르게 나타난다. 식품의 맛에 영향을 미치는 요인으로는 온도, 식품의 형태, 질감과 그 외 냄새 및 청각, 시각 등을 들 수 있다. 맛은 일반적으로 체온에 가까울수록 예민하게 느끼게 되지만, 신맛은 온도의 영향을 거의 받지 않는 반면에 온도가 상승하면 단맛의 강도는 증가하고 짠맛과 쓴맛은 감소한다.

또 식품의 형태로는 수용액 상태일 때가 가장 느끼기 쉬운데, 맛의 성분이 물에 녹아 미공(味孔)에 들어가서 맛을 느끼게 되기 때문이다. 그 다음으로는 기포가 있는 식품이고, 가장 느끼기 어려운 경우는 젤리와 같은 겔상 식품이다.

역치(Threshold value)란 각각의 맛 성분을 물로 희석하여 인간이 느끼는 최저 농도를 말하는데, 역치는 사람마다 다르지만 같은 사람일지라도 연습에 의해 향상될 수 있으며 산만하거나 지루하게 느끼면 높게 나오기도 하고 측정방법에 따라 달라질 수도 있다.

역치의 종류로는 검출역치, 인지역치, 변별역치 등이 있다.

① 검출역치(Detection threshold)

성질은 구별할 수 없지만, 중성의 대조물과의 차이가 느껴지는 최저 농도

② 인지역치(Recognition threshold)

그 물질의 특성(단맛, 쓴맛 짠맛, 신맛 등)을 인식할 수 있는 최저 농도

③ 변별역치(Differential threshold)

감각 강도의 차이를 느낄 수 있는 최소의 농도차. 즉, 원래의 자극량을 어느 정도 변화시키면 자극이 변했음을 감지할 수 있는가를 의미함.

맛을 보는 방법은 아래와 같이 다양하므로 실험 물질에 맞게 선택하도록 한다.

① 드롭(Drop) : 아주 역겨운 경우 몇 방울만 입안에 떨어뜨려 맛보는 것

② 스왈로(Swallow) : 일정량을 입에 넣어 삼키는 것

③ 스핏(Spit) : 일정량을 입에 넣어 굴리면서 맛보고 뱉는 것

④ 프리(Free) : 먹는 양을 마음대로 하는 것으로 방법은 일정하게 해야 함.

관능평가를 할 때 같은 맛 성분을 계속해서 먹을 경우, 시간이 지남에 따라 그 맛이 변하거나 미각이 둔해지는 피로현상이 발생되므로 주의한다.

4가지 기본 맛 성분의 역치는 표 2-1과 같다.

표 2-1 맛의 역치

성분	역치(%)	성분	역치(%)
설탕	0.3~0.4	포도당	0.48
소금	0.04~0.1	구연산	0.004~0.09
퀴닌(quinine)	0.0002~0.001	카페인	0.004~0.03

〈목적〉

기본 4 원미인 단맛, 짠맛, 신맛, 쓴맛에 대해 맛을 느낄 수 있는 최소한의 농도인 역치를 알아본다.

〈재료 및 분량〉

설탕 20g, 소금 10g, 구연산 1g, 퀴닌 0.05g

〈기구 및 기기〉

100mL 메스 플라스크 4개, 500mL 메스 플라스크 4개, 500mL 비커 24개, 10mL 피펫 4개, 종이 컵, 스푼, 유산지, 전자 저울

〈방법〉

(1) 100mL 메스 플라스크를 이용하여 아래와 같은 방법으로 용액을 만든다.

① 설탕 20g과 50mL 정도의 물을 넣고 잘 녹인 뒤에 물로 100mL까지 채운다.

② 소금 10g과 50mL 정도의 물을 넣고 잘 녹인 뒤에 물로 100mL까지 채운다.

③ 구연산 1g과 50mL 정도의 물을 넣고 잘 녹인 뒤에 물로 100mL까지 채운다.

④ 퀴닌 0.05g과 50mL 정도의 물을 넣고 잘 녹인 뒤에 물로 100mL까지 채운다.

(2) 설탕용액에서 2.5mL을 취하여 500mL 메스 플라스크를 이용하여 500mL로 희석(0.1%)한 뒤 비커에 담는다. 조금씩 시료의 양을 늘려 5mL, 7.5mL, 10mL, 12.5mL, 15mL(0.6%)를 취해서 같은 방법으로 시료를 만들고, 각각을 난수표(표 2-2)의 3자리 번호를 붙인 용기에 담은 뒤 맛을 본 후, 결과지(그림 2-1)에 기록한다.

(3) 소금용액에서 2mL를 취하여 500mL 메스 플라스크를 이용하여 500mL로 희석(0.04%)한 뒤 비커에 담는다. 조금씩 시료의 양을 늘려 4mL, 6mL, 8mL, 10mL, 12mL(0.24%)를 취해서 같은 방법으로 시료를 만들고, 각각을 난수표 3자리 번호를 붙인 용기에 담은 뒤 맛을 본 후 결과지에 기록한다.

(4) 구연산용액에서 2.5mL를 취하여 500mL 메스 플라스크를 이용하여 500mL로 희석(0.005%)한 뒤 비커에 담는다. 조금씩 시료의 양을 늘려 5mL, 7.5mL, 10mL, 12.5mL, 15mL(0.03%)를 취해서 같은 방법으로 시료를 만들고, 각각을 난수표의 3자리 번호를 붙인 용기에 담은 뒤 맛을 본 후, 결과지에 기록한다.

성별 : 남 · 여　　　　나이 :　　　　　　패널 이름 :

제시된 6개의 비커에는 단맛(짠맛, 신맛, 쓴맛)을 내는 용액이 담겨 있습니다. 순서대로 맛을 본 뒤 물과 동일하다고 느끼면 ×, 물과는 다르지만 무슨 맛인지 모르겠다고 느끼면 △, 무슨 맛인지 인지되면 ○로 표시하세요.

시료와 시료 사이에는 물로 입가심을 해주시기 바랍니다.

A	시료번호						
	평가						
B	시료번호						
	평가						
C	시료번호						
	평가						
D	시료번호						
	평가						

그림 2-1 역치 평가지

(5) 퀴닌 용액에서 2mL를 취하여 500mL 메스 플라스크를 이용하여 500mL로 희석(0.0002%)한 뒤 비커에 담는다. 조금씩 시료의 양을 늘려 3mL, 4mL, 5mL, 6mL, 7mL(0.0007%)를 취해서 같은 방법으로 시료를 만들고, 각각을 난수표 3자리 번호를 붙인 용기에 담은 뒤 맛을 본 후, 결과지에 기록한다.

주의

1차 용액 제조 및 희석용액을 제조하여 표 2-2의 난수표가 적힌 용기에 담는 것은 패널이 아닌 준비요원이 하도록 한다.

플로차트(Flow chart : 흐름도)

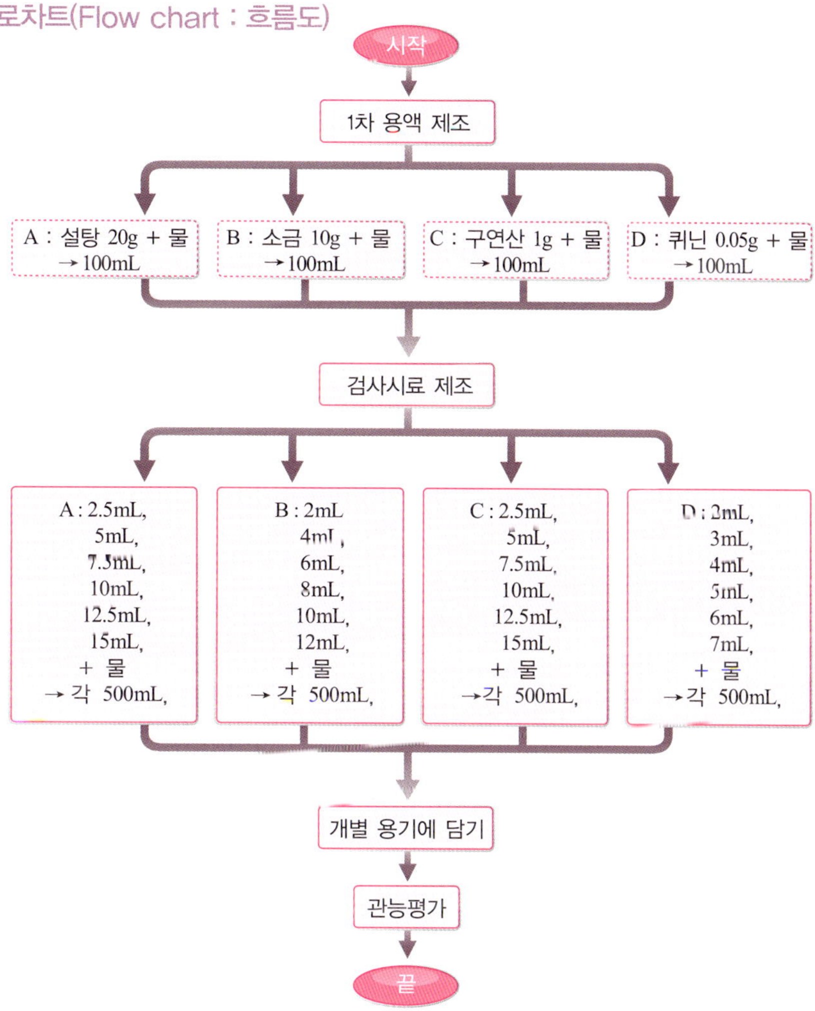

〈결과〉

구분	시료	평가 결과							역치
A	설탕 용액	농도(%)	0.1	0.2	0.3	0.4	0.5	0.6	
		평가							
B	소금 용액	농도(%)	0.04	0.08	0.12	0.16	0.20	0.24	
		평가							
C	구연산 용액	농도(%)	0.005	0.01	0.015	0.02	0.025	0.03	
		평가							
D	퀴닌 용액	농도(%)	0.0002	0.0003	0.0004	0.0005	0.0006	0.0007	
		평가							

참고

역치계산법

각 농도에 대한 인지 여부를 ○, ×로 표시한 뒤 느끼지 못한 최대 농도와 연속적으로 느끼기 시작한 최소 농도를 곱하여 제곱근을 씌워 계산한다.

예 설탕용액에서 0.1%, 0.2%는 느끼지 못하고 0.3%부터 느끼기 시작했을 때 역치는

'0.2 × 0.3

〈문제〉

(1) 역치가 가장 높은 것과 가장 낮은 것은 무슨 맛인가?

(2) 검출역치, 인지역치, 변별역치에 대하여 설명하시오.

(3) 드롭(Drop), 스왈로(Swallow), 스핏(Spit), 프리(Free) 란 어떤 평가방법인가?

표 2-2 난수표

	00-04	05-09	10-14	15-19	20-24	25-29	30-34	35-39	40-44	45-49
00	54463	22662	65905	70639	79365	67382	29085	69831	47058	08186
01	15389	85205	18850	39226	42249	90669	96325	23248	60933	26927
02	85941	40756	82414	02015	13858	78030	16269	65978	01385	15345
03	61149	69440	11286	88218	58925	03638	52862	62733	33451	77455
04	05219	81619	10651	67079	92511	59888	84502	72095	83463	75577
05	41417	98326	87719	92294	46614	50948	64886	20002	97365	30976
06	28357	94070	20652	35774	16249	75019	21145	05217	47286	76305
07	17783	00015	10806	83091	91530	36466	39981	62481	49177	75579
08	40950	84820	29881	85966	62800	70326	84740	62660	77379	90279
09	82995	64157	66164	41180	10089	41757	78258	96488	88629	37231
10	96754	17676	55659	44105	47361	34833	86679	23930	53249	27083
11	34357	88040	53364	71726	45690	66334	60332	22554	90600	71113
12	06318	37403	49927	57715	50423	67372	63116	48888	21505	80182
13	62111	52820	07243	79931	89292	84767	85693	73947	22278	11551
14	47534	09243	67879	00544	23410	12740	02540	54440	32949	13491
15	98614	75993	84460	62846	59844	14922	48730	73443	48167	34770
16	24856	03648	44898	09351	98795	18644	39765	71058	90368	44104
17	96887	12479	80621	66223	86085	78285	02432	53342	42846	94771
18	90801	21472	42815	77408	37390	76766	52615	32141	30268	18106
19	55165	77312	83666	36028	28420	70219	81369	41943	47366	41067
20	75884	12952	84318	95108	72305	64620	91318	89872	45375	85436
21	16777	37116	58550	42958	21460	43910	01175	87894	81378	10620
22	46230	43877	80207	88877	89380	32992	91380	03164	98656	59337
23	42902	66892	46164	01432	94710	23474	20423	60137	60609	13119
24	81007	00333	39693	28039	10154	95425	39220	19774	31782	49037
25	68089	01122	51111	72373	06902	74373	96199	97017	41273	21546
26	20411	67081	89950	16944	93054	87687	96693	87236	77054	33848
27	58212	13160	06468	15718	82627	76999	05999	58680	96739	63700
28	70577	42866	24969	61210	76046	67699	42054	12696	93758	03283
29	94522	74358	71659	62038	79643	79169	44741	05437	39038	13163
30	42626	86819	85651	88678	17401	03252	99547	32404	17918	62880
31	16051	33763	57194	16752	54450	19031	58580	47629	54132	60631
32	08244	27647	33851	44705	94211	46716	11738	55784	95374	72655
33	59497	04392	09419	89964	51211	04894	72882	17805	21896	83864
34	97155	13428	40293	09985	58434	01412	69124	82171	59058	82859
35	98409	66162	95763	47420	20792	61527	20441	39435	11859	41567
36	45476	84882	65109	96597	25930	66790	65706	61203	53634	22557
37	89300	69700	50741	30329	11658	23166	05400	66669	78708	03887
38	50051	95137	91631	66315	91428	12275	24816	68091	71710	33258
39	31753	85178	31310	89642	98364	02306	24617	09609	83942	22716
40	79152	53829	77250	20190	56535	18760	69942	77448	33278	48805
41	44560	38750	83635	56540	64900	42912	13953	79149	18710	68618
42	68328	83378	63369	71381	39564	05615	42451	64559	97501	65747
43	46939	38689	58625	08342	30459	85863	20781	09284	26333	91777
44	83544	86141	15707	96256	23068	13782	08467	89469	93842	55349
45	91621	00881	04900	54224	46177	55309	17852	27491	89415	23466
46	91896	67126	04151	03795	59077	11848	12630	98375	52068	60142
47	55751	62515	21108	80830	02263	29303	37204	96926	30506	09808
48	85156	87689	95493	88842	00664	55017	55539	17771	69448	87530
49	07521	56898	12236	60277	39102	62315	12239	07105	11844	01117

표 2-2 난수표(계속)

	50-54	55-59	60-64	65-69	70-74	75-79	80-84	85-89	90-94	95-99
00	59391	58030	52098	82718	87024	82848	04190	96574	90464	29065
01	99567	76364	77204	04615	27062	96621	43918	01896	83991	51141
02	10363	97518	51400	25670	98342	61891	27101	37855	16235	33316
03	86859	19558	64432	16706	99612	59798	32803	67708	15297	28612
04	11258	24591	36863	55368	31721	94335	34936	02566	80972	08188
05	95068	88628	35911	14530	33020	80428	39936	31855	34334	64865
06	54463	47237	73800	91017	36239	71428	83671	39892	60518	37092
07	16874	62677	57412	13215	31389	62233	80827	73917	82802	84420
08	92494	63157	76593	91316	02505	72389	96363	52887	01087	66091
09	15669	56689	35682	40844	53256	81872	35213	09840	34471	74441
10	99116	75486	84989	23476	52967	67104	39495	39100	17217	74073
11	15696	10703	65178	90637	63110	17622	53988	71087	84148	11670
12	97720	15369	51269	69620	03388	13622	33423	67453	43269	56720
13	11666	13840	71681	98000	35979	39719	81899	07449	47985	46967
14	71628	73130	78783	75691	41632	09847	61547	18707	85489	69944
15	40501	51089	99943	91843	41995	88931	73631	69361	05375	15417
16	22518	55576	98215	82068	10798	86211	36584	67466	69373	40054
17	75112	30485	62173	02132	14878	92879	22281	16783	86352	00077
18	80327	02671	98191	84342	90813	49268	95441	15496	20168	09271
19	60251	45548	02146	05597	48228	81366	34598	72856	66762	17002
20	57430	82270	10421	00540	43648	75888	66049	21511	47676	33444
21	73528	39559	34434	88596	54086	71693	43132	14414	79949	85193
22	25991	65959	70769	64721	86413	33475	42740	06175	82758	66248
23	78388	16638	09134	59980	63806	48472	39318	35434	24057	74739
24	12477	09965	96657	57994	59439	76330	24596	77515	09577	91871
25	83266	32883	42451	15579	38155	27793	40914	65990	16255	17777
26	76970	80876	10237	39515	79152	74798	39357	09054	73579	92359
27	37074	65198	44785	68624	98336	84481	97610	78735	46703	98265
28	83712	06514	30101	78295	54656	85417	43189	60048	72781	72606
29	20287	56862	69727	94443	64936	08366	27227	05158	50326	59566
30	74261	32592	86538	27041	65172	85532	07571	80609	39285	65340
31	64081	49863	08478	96001	18888	14810	70545	89755	59064	07210
32	05617	75818	47750	67814	29575	10526	66192	44464	27058	40467
33	26793	74951	95466	74307	13330	42664	85515	20632	05497	33625
34	65988	72850	48737	54719	52056	01596	03845	35067	03134	70322
35	27366	42271	44300	73399	21105	03280	73457	43093	05192	48657
36	56760	10909	98147	34736	33863	95286	12731	66598	50771	83665
37	72880	43338	93643	58904	59543	23943	11231	83268	65938	81581
38	77888	38100	03062	58103	47961	83841	25878	23746	55903	44115
39	28440	07819	21580	51459	47971	29882	13990	29226	23608	15873
40	63525	94441	77033	12147	51054	49955	58312	76923	96071	05813
41	47606	93410	16359	89033	89696	47231	64498	31776	05383	39902
42	52669	45030	96279	14709	52372	87832	02735	50803	72744	88208
43	16738	60159	07425	62369	07515	82721	37875	71153	21315	00132
44	59348	11695	45751	15865	74739	05572	32688	20271	65128	14551
45	12900	71775	29845	60774	94924	21810	38636	33717	67598	82521
46	75086	23537	49939	33595	13484	97588	28617	17979	70749	35234
47	99495	51434	29181	09993	38190	42553	68922	52125	91077	40197
48	26075	31671	45386	36583	93459	48599	52022	41330	60651	91321
49	13636	93596	23377	51133	95126	61496	42474	45141	46660	42338

표 2-2 난수표(계속)

	00-04	05-09	10-14	15-19	20-24	25-29	30-34	35-39	40-44	45-49
50	64249	63664	39652	40646	97306	31741	07294	84149	46797	82487
51	26538	44249	04050	48174	65570	44072	40192	51153	11397	58212
52	05845	00512	78630	55328	18116	69296	91705	86224	29503	57071
53	74897	68373	67359	51014	33510	83048	17056	72506	82949	54600
54	20872	54570	35017	88132	25730	22626	86723	91691	13191	77212
55	31432	96156	89177	75541	81355	24480	77243	76690	42507	84362
56	66890	61505	01240	00660	05873	13568	76082	79172	57913	93448
57	41894	57790	79970	33106	86904	48119	52503	24130	72824	21627
58	11303	87118	81471	52936	08555	28420	49416	44448	04269	27029
59	54374	57325	16947	45356	78371	10563	97191	53798	12693	27928
60	64852	34421	61046	90849	13966	39810	42699	21753	76192	10508
61	16309	20384	09491	91588	97720	89846	30376	76970	23063	35894
62	42587	37065	24526	72602	57589	98131	37292	05967	26002	51945
63	40177	98590	97161	41682	84533	67588	62036	49967	01990	72308
64	82309	76128	93965	26743	24141	04838	40254	26065	07938	76236
65	79788	68243	59732	04257	27084	14743	17520	95401	55811	76099
66	40538	79000	89559	25026	42274	23489	34502	75508	06059	86682
67	64016	73598	18609	73150	62463	33102	45205	87440	96767	67042
68	49767	12691	17903	93871	99721	79109	09425	26904	07419	76013
69	76974	55108	29795	08404	82684	00497	51126	79935	57450	55671
70	23854	08480	85983	96025	50117	64610	99425	62291	86943	21541
71	68973	70551	25098	78033	98573	79848	31778	29555	61446	23037
72	36444	93600	65350	14971	25325	00427	52073	64280	18847	24768
73	03003	87800	07391	11594	21196	00781	32550	57158	58887	73041
74	17540	26188	36647	78386	04558	61463	57842	90382	77019	24210
75	38916	55809	47982	41968	69760	79422	80154	91486	19180	15100
76	64288	19843	69122	42502	48508	28820	59933	72998	99942	10515
77	86809	51564	38040	39418	49915	19000	58050	16899	79952	57849
78	99800	99566	14742	05028	30033	94889	53381	23656	75787	59223
79	92345	31890	95712	08279	91794	94068	49337	88674	35355	12267
80	90363	65162	32245	82279	79256	80834	06088	99462	56705	06118
81	64437	32242	48431	04835	39070	59702	31508	60935	22390	52246
82	91714	53662	28373	34333	55791	74758	51144	18827	10704	76803
83	20902	17646	31391	31459	33315	03444	55743	74701	58851	27427
84	12217	86007	70371	52281	14510	76094	96579	54853	78339	20839
85	45177	02863	42307	53571	22532	74921	17735	42201	80540	54721
86	28325	90814	08804	52746	47913	54577	47525	77705	95330	21866
87	29019	28776	56116	54791	64604	08815	46049	71186	34650	14994
88	84979	81353	56219	67062	26146	82567	33122	14124	46240	92973
89	50371	26347	48513	63915	11158	25563	91915	18431	92978	11591
90	53422	06825	69711	67950	64716	18003	49581	45378	99878	61130
91	67453	35651	89316	41620	32048	70225	47597	33137	31443	51445
92	07294	85353	74819	23445	68237	07202	99515	62282	53809	26685
93	79544	00302	45338	16015	66613	88968	14595	63836	77716	79596
94	64144	85442	82060	46471	24162	39500	87351	36637	42833	71875
95	90919	11883	58318	00042	52402	28210	34075	33272	00840	73268
96	06670	57353	86275	92276	77591	46924	60839	55437	03183	13191
97	36634	93976	52062	83678	41256	60948	18635	48992	19462	96062
98	75101	72891	85745	67106	26010	62107	60885	37503	55461	71213
99	05112	71222	72654	51583	05228	62056	57390	42746	39272	96659

표 2-2 난수표(계속)

	50-54	55-59	60-64	65-69	70-74	75-79	80-84	85-89	90-94	95-99
50	32847	31282	03345	89593	69214	70381	78285	20054	91018	16742
51	16916	00041	30236	55032	14253	76582	12092	86533	92426	37655
52	66176	34037	21005	27137	03193	48970	64625	22394	39622	79085
53	46299	13335	12180	16861	38043	59292	62675	63631	37020	78195
54	22847	47839	45385	23289	47526	54098	45683	55849	51575	64689
55	41851	54160	92320	69936	34803	92479	33399	71160	64777	83378
56	28444	59497	91586	95917	68553	28639	06455	34174	11130	91994
57	47520	62378	98855	83174	13088	16561	68559	26679	06238	51254
58	34978	63271	13142	82681	05271	08822	06490	44984	49307	61717
59	37404	80416	69035	92980	49496	74378	75610	74976	70056	15478
60	32400	65482	52099	53676	74648	94148	65095	69597	52771	71551
61	89262	86332	51718	70663	11623	29834	79820	73002	84886	03591
62	86866	09127	98021	03871	27789	58444	44832	36505	40672	30180
63	90814	14833	08759	74645	05046	94056	99094	64091	32663	73040
64	19192	82756	20553	58446	55376	88914	75096	26119	83898	43816
65	77585	52593	56612	95766	10019	29531	73064	20953	53523	58136
66	23757	16364	05096	03192	62386	45389	85332	18877	55710	96459
67	45989	96257	23850	26216	23309	21526	07425	50254	19455	29315
68	92970	94243	07316	41467	64837	52406	25225	51553	31220	14032
69	74346	59596	40088	98176	17896	86900	20249	77753	19099	48885
70	87646	41309	27636	45153	29988	94770	07255	70908	05340	99751
71	50099	71038	45146	06146	55211	99429	43169	66259	97786	59180
72	10127	46900	64984	75348	04115	33624	68774	60013	35515	62556
73	67995	81977	18984	64091	02785	27762	42529	97144	80407	64524
74	26304	80217	84934	82657	69291	35397	98714	35104	08187	48109
75	81994	41070	56642	64091	31229	02595	13513	45148	78722	30144
76	59537	34662	79631	89403	65212	09975	06118	86197	58208	16162
77	51228	10937	62396	86460	47331	91403	95007	06047	16846	64809
78	31089	37995	29577	17828	42272	54016	21950	86192	99046	84864
79	38207	97938	93459	75174	79460	55436	57206	87644	21296	43393
80	88666	31142	09474	89712	63153	62333	42212	06140	42594	43671
81	53365	56134	67582	92557	89520	33452	05134	70628	27621	33738
82	89807	74530	38004	90102	11693	90257	05500	79920	62700	43325
83	13682	81038	85662	90915	91631	22223	91588	80774	07716	12548
84	63571	32579	63942	25371	09234	94592	98475	76884	37635	33608
85	68927	56492	67799	95398	77642	54913	91583	08421	81450	76229
86	56401	63186	39389	88798	31356	89235	97036	32341	33292	73757
87	24333	95603	02359	72942	46287	95382	08452	62862	97869	71775
88	17025	84202	95199	62272	06366	16175	97577	99304	41587	03686
89	02804	08253	52133	20224	68034	50865	57868	22343	55111	03607
90	08298	03879	20995	19850	73090	13191	18963	82244	78479	99121
91	59883	01785	82403	96962	03785	03488	12970	64896	38336	30030
92	46982	06682	62864	91837	74021	89094	39952	64158	79614	78235
93	31121	47266	07661	02051	67599	24471	69843	83696	71402	76287
94	97867	56641	63416	17577	30161	87320	37752	73276	48969	41915
95	57364	86746	08415	14621	49430	22311	15836	72492	49372	44103
96	09559	26263	69511	28064	75999	44540	13337	10918	79846	54809
97	53873	55571	00608	42661	91332	63956	74087	59008	47493	99581
98	35531	19162	86406	05299	77511	24311	57257	22826	77555	05941
99	28229	88629	25629	94932	30721	16197	78742	34974	97528	45447

실험 2 우유와 두유를 넣은 코코아에 대한 차이 평가

검사물 사이에 차이가 있는지를 알아보는 차이식별검사는 관능검사에서 가장 널리 사용되는 방법으로, 검사물 간의 전체적인 차이 유무를 조사하는 종합적 차이검사와 검사물 사이에 한 가지 특성에 대한 차이를 조사하는 특성차이검사로 구분된다.

종합적 차이검사

① 단순차이검사(Simple paired difference test)

두 개의 시료 사이에 차이가 있는지를 알아보거나 또는 패널에게 그것을 식별하는 능력이 있는지를 알아보는 방법이다. 보통 표준시료(A)와 대조시료(B)를 AA, BB, AB, BA의 조합으로 제공한다. 정답을 맞출 수 있는 확률은 50%이다.

② 삼점 검사(Triangle test)

시료 A와 B를 비교하기 위해 A 두 개와 B 한 개 (또는 A 한 개와 B 두 개)를 제시하여 세 개 중에서 다른 하나를 택하게 하는 방법으로, 우연히 맞출 수 있는 확률은 33%이다. 이 방법은 시료의 위치에 따라 심리적인 오차가 생길 수 있으므로 제시하는 시료의 위치를 고려하여 시료의 제시방법은 6가지(AAB, BAA, ABA, BBA, ABB, BAB)이며 무작위로 배치하여 각 패널 요원에게 제공한다.

③ 일-이점 검사(Duo-trio test)

기준시료(A)와 다른 시료(B)로 구성된 세 개의 시료를 제시하는 방법이다. 기준시료(A)를 알려주고 평가하게 한 후, 별도로 A와 B를 제시하여 기준시료와 같은 시료를 찾아내는 방법이다. 우연히 맞출 수 있는 확률은 50%이며 식품의 제조과정 중 재료를 변화시켰을 때 제품의 품질에 영향이 있는지를 알아보기 위하여 사용되는 방법이다.

특성 차이검사

① 순위법(Ranking method)

세 개 이상의 시료를 비교할 때 시료의 한 가지 특성(색, 맛, 냄새, 질감 등)에 대하여 그 특성이 강한 순서대로 순위를 매겨서 차이를 알아보는 방법이다. 사용절

차가 간단하고 한 번에 많은 시료를 평가할 수 있는 장점이 있으나 시료 사이의 차이 정도를 알 수 없는 단점이 있다. 차이식별검사와 기호조사에 모두 이용된다.

② 평점법(Scoring method)

시료의 특정한 관능적 품질 특성이 어떻게 다른지 조사하고자 할 때 사용하는 방법으로, 보통 5점, 7점 척도를 많이 사용한다.(1점 : 매우 약한 특성 ~ 5점 / 7점 : 매우 강한 특성) 그 밖에 15cm(6 inch)의 직선상에 감지되는 강도만큼 선을 그어 표시하는 선 척도에 의한 측정방법(왼쪽에서 오른쪽으로 갈수록 강도가 강하게 표시)이 있다.

〈목적〉

세 가지의 시료 중에서 배합이 다른 한 가지의 시료를 선택하고, 그것에 대한 기호를 다른 시료와 비교하여 조사한다.

〈재료 및 분량〉

우유 1 $\frac{1}{2}$ 컵, 두유 $\frac{1}{2}$ 컵, 코코아 가루 2큰술

〈기구 및 기기〉

1,000mL 비커 2개(시료제조용), 불투명한 컵 3개, 계량 컵, 계량 스푼, 종이 컵

〈방법〉

(1) 3개의 용기에 난수표(표 2-2)를 이용하여 서로 다른 3자리 번호를 붙여 시료 세트를 구성한다.

(2) 아래와 같이 두가지 시료를 준비한다.

A: 한 컵의 우유에 코코아 가루 1큰술을 넣어 잘 섞는다.

B: 우유 $\frac{1}{2}$ 컵 + 두유 $\frac{1}{2}$ 컵에 코코아 가루 1큰술을 넣어 잘 섞는다.

(3) A 시료는 2개의 용기에 담고 B 시료는 하나의 용기에 담은 뒤 각각을 맛보게 한 후, 맛이 다른 한 가지의 시료를 식별하도록 한다.

(4) 관능검사 평가지(그림 2-2)에 결과를 기록한다.

(5) B 시료를 2개의 용기에 담고 A 시료는 하나의 용기에 담아 한번 더 맛이 다른 한 가지를 식별하도록 한 뒤 관능검사 평가지에 결과를 기록한다.

주의

시료를 난수표가 적인 용기에 담는 것은 패널이 아닌 준비요원이 하도록 한다.

참고

위에서 제시된 방법대로 모든 패널이 2번 반복할 수도 있고 패널을 2그룹으로 나누어 1번만(AAB/ABB) 평가할 수 있다.

플로차트(Flow chart : 흐름도)

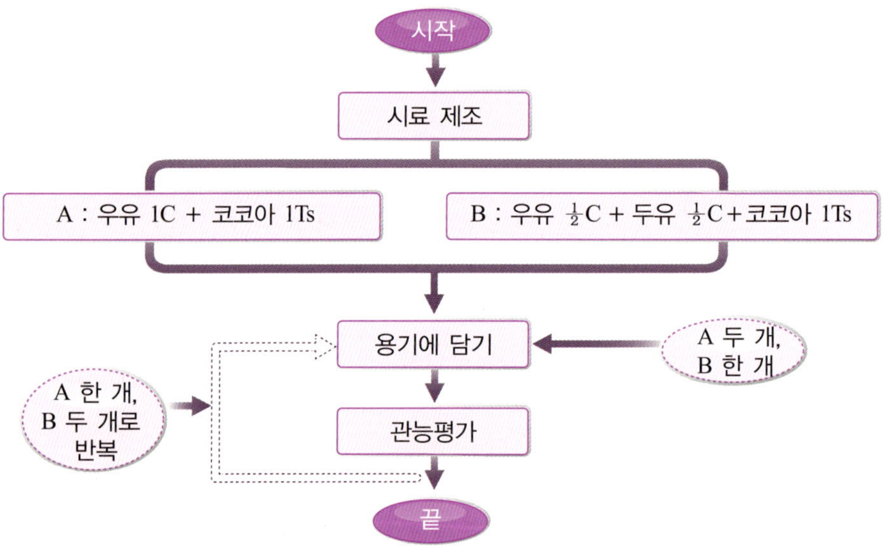

성별 : 남 · 여　　　　나이 :　　　　　　　패널 이름 :

다음의 번호가 적힌 세 개의 코코아 중에서 두 개는 같고 나머지 하나는 다릅니다. 왼쪽부터 맛을 보고 다르다고 생각되는 것을 골라 번호에 표시하세요.
각 시료를 맛보는 중간에는 제공된 물로 입가심을 해주십시오.

501(　　)　746(　　)　239(　　)

그림 2-2 삼점검사 평가지

〈결과〉

• 평가 결과

패널	결과	패널	결과	패널	결과	패널	결과
1		11		21		31	
2		12		22		32	
3		13		23		33	
4		14		24		34	
5		15		25		35	
6		16		26		36	
7		17		27		37	
8		18		28		38	
9		19		29		39	
10		20		30		40	

• 통계처리

표 2-3를 이용하여 유의성 검증을 한다.

즉, 40명이 평가하여 정답의 합계가 19명 이상이면 5% 수준에서 유의적으로 차이가 있다고 판정한다.

〈문제〉

(1) 삼점 비교법에 대해 설명하시오.

(2) 삼점 검사법에서 시료를 효과적으로 배치하려면 어떻게 해야 하는가?

(3) 바람직한 관능검사실의 환경에 대하여 설명하시오.

표 2-3 삼점검사의 유의성 검정표($p = 1/3$)

검사자수	유의적 차이를 표명할 수 있는 최소 정답수			검사자수	유의적 차이를 표명할 수 있는 최소 정답수		
	a =0.05 (*)	a =0.01 (**)	a =0.001 (***)		a =0.05 (*)	a =0.01 (**)	a =0.001 (***)
5	4	5	–	53	24	27	29
6	5	6	–	54	25	27	30
7	5	6	7	55	25	27	30
8	6	7	8	56	25	28	31
9	6	7	8	57	26	28	31
10	7	8	9	58	26	29	31
11	7	8	9	59	27	29	32
12	8	9	10	60	27	29	32
13	8	9	11	61	27	30	33
14	9	10	11	62	28	30	33
15	9	10	12	63	28	31	34
16	9	11	12	64	29	31	34
17	10	11	13	65	29	32	34
18	10	12	13	66	29	32	35
19	11	12	14	67	30	32	35
20	11	13	14	68	30	33	36
21	12	13	15	69	30	33	36
22	12	13	15	70	31	34	37
23	12	14	16	71	31	34	37
24	13	14	16	72	32	34	37
25	13	15	17	73	32	35	38
26	14	15	17	74	32	35	38
27	14	16	18	75	33	35	39
28	14	16	18	76	33	36	39
29	15	17	19	77	33	36	39
30	15	17	19	78	34	37	40
31	16	17	19	79	34	37	40
32	16	18	20	80	35	37	41
33	16	18	20	81	35	38	41
34	17	19	21	82	35	38	42
35	17	19	21	83	36	39	42
36	18	20	22	84	36	39	42
37	18	20	22	85	36	39	43
38	18	20	23	86	37	40	43
39	19	21	23	87	37	40	44
40	19	21	24	88	38	41	44
41	20	22	24	89	38	41	44
42	20	22	24	90	38	41	45
43	20	23	25	91	39	42	45
44	21	23	25	92	39	42	46
45	21	23	26	93	39	43	46
46	22	24	26	94	40	43	46
47	22	24	27	95	40	43	47
48	22	25	27	96	41	44	47
49	23	25	28	97	41	44	48
50	23	25	28	98	41	45	48
51	24	26	28	99	42	45	48
52	24	26	29	100	42	45	49

실험 3 각종 식품의 계량

식품재료는 무게를 재는 것이 일반적이지만, 조미료는 소량씩 사용되는 경우가 많아 부피로 계량하는 경우도 많다. 부피를 재는 기구로는 계량 컵과 계량 스푼이 이용되는데 계량 컵은 1컵 외에 $\frac{1}{2}$컵, $\frac{1}{3}$컵, $\frac{1}{4}$컵이 사용되고 있으며, 계량 스푼은 1큰술(1테이블스푼, 1Ts, 15mL), 1작은술(1티스푼, 1ts, 5mL), $\frac{1}{2}$작은술, $\frac{1}{4}$작은술이 한 조로 사용된다.

계량 컵의 경우 우리나라에서는 미터(meter)법을 사용하여 1컵을 200mL로 정하고 있지만 외국은 쿼터(quart)법을 사용하여 1컵을 240mL로 정하고 있으므로 주의하여야 한다.

몇 가지 정확한 계량법은 다음과 같다.

밀가루

체로 치지 않은 밀가루 한 컵의 무게는, 체로 친 밀가루 한 컵의 무게보다 더 무겁다. 밀가루는 계량 컵에 넘칠 정도로 부은 다음, 윗면을 스패튤러(spatula, 주걱) 등으로 깎아 내도록 한다. 밀가루를 계량컵에 부을 때 컵을 두드리거나 흔들면 더 많은 양이 들어가게 된다.

액체

식용유 시럽뿐만 아니라, 모든 종류의 액체는 투명한 계량 컵을 사용하는 것이 편리하다. 투명한 계량 컵에 원하는 양만큼의 액체를 채워 넣고 액체표면의 아랫부분에 해당하는 컵의 눈금을 눈과 같은 높이에서 읽어야 한다.

흑설탕

황설탕이나 흑설탕은 표면이 끈적하기 때문에 그냥 담게 되면 내부의 공백 크기에 따라 계량치가 달라지므로 꾹꾹 눌러 담아 그릇에서 떠낸 후에 그릇의 모양을 완전히 이룰 수 있도록 채워 넣어야 한다.

버터 · 마가린

실온에서 충분히 부드러워진 고체지방을 계량 컵에 꾹꾹 눌러 담고 윗면을 스패튤러로 깎아 내어 측정하고 계량 후에는 고무주걱 등을 이용하여 완전히 옮겨지도록 한다.

많이 사용되는 식품의 무게는 다음과 같다.

표 2-4 식품의 무게 비교표

(단위: g)

식품명	컵	큰 술	작은 술	식품명	컵	큰 술	작은 술
밀가루	100	8	3	물, 식초, 술	200	15	5
설탕	110	9	3	간장, 미림	230	18	6
녹말가루	110	9	3	된장, 고추장	230	18	6
겨잣가루	80	6	2	버터, 기름	180	13	4
찹쌀가루	120	9	3	토마토 케첩	240	18	6
고춧가루	80	6	2	빵가루	40	3	1
깨	120	9	3	마요네즈	190	14	5
굵은소금	160	12	4	우스터소스	220	16	5
후춧가루	90	7	2	생크림	200	15	5
새우젓, 멸치육젓	240	18	6	소금	210	9	3

〈목적〉

조리의 기초가 되는 계량법을 익히고, 정확하게 계량하여 무게를 측정함으로써 각 식품의 특성을 알아본다.

〈재료 및 분량〉

물, 밀가루 1kg, 흑설탕 500g, 버터 500g

〈기구 및 기기〉

계량 컵, 계량 스푼, 스패튤러, 체, 볼(bowl), 전자 저울

〈방법〉

(1) 물은 계량 컵에 가득 담아 무게를 측정한다.

주의

물 등 액체는 표면장력이 있으므로 흘러넘치지 않을 정도로 가득 담아 측정한다.

(2) 밀가루는 계량 컵에 수북이 담은 다음, 스패튤러로 깎아 무게를 측정한다.

주의

스패튤러로 계량컵의 윗면을 깎을 경우, 한 번에 처리한다.

(3) 밀가루는 체에 쳐서 계량 컵에 수북이 담은 다음, 스패튤러로 깎아 무게를 측정한다. (스패튤러 대신에 칼등을 이용해도 된다.)

(4) 흑설탕은 꾹꾹 눌러 담은 후 윗면을 스패튤러로 깎아 무게를 측정한다.

(5) 버터는 실온에서 부드럽게 하여 컵에 눌러 담고 스패튤러로 깎아 무게를 측정한다.

주의

계량에 사용하는 컵의 겉면에 이물질이 부착되지 않도록 한다.

(6) 식품의 계량은 1컵의 무게를 각각 3회 측정하여 평균값을 기록한다.

플로차트(Flow chart : 흐름도)

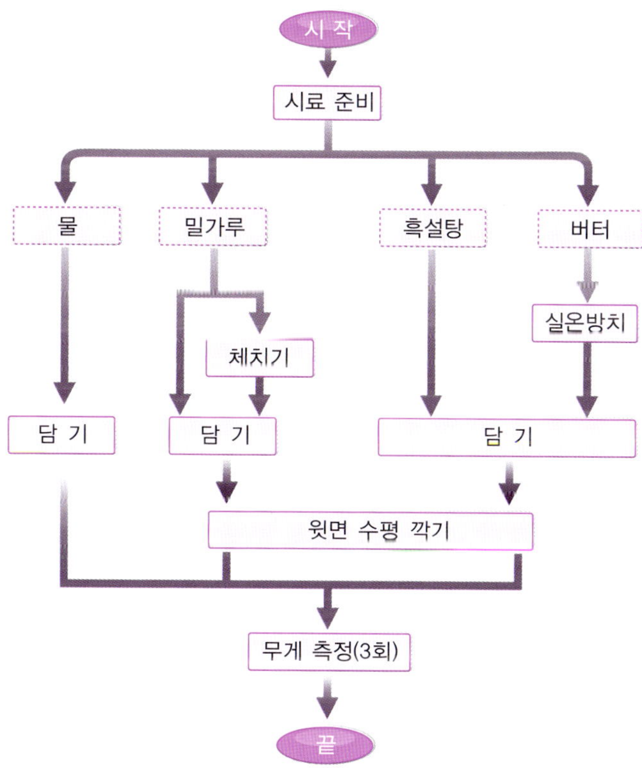

참고

저울마다 측정 가능한 최소단위와 최대단위가 표기되어 있으므로 적정한 것을 선택한다.

〈결과〉

	물	밀가루	체 친 밀가루	흑설탕	버터
1회 측정					
2회 측정					
3회 측정					
평 균					

〈문제〉

(1) 간장이나 식초 등 액체 조미료 계량하는 방법을 자세하게 설명하시오.

(2) 밀가루를 계량할 때, 체를 치고 계량하는 이유는 무엇인가?

(3) 흑설탕의 계량 방법이 밀가루와 다른 이유는 무엇인가?

실험 4 고체 식품의 부피 측정

흡수성이 작은 식품의 부피를 측정하는 방법은 물에 담가 늘어난 부피를 읽는 방법이 일반적이지만, 빵이나 떡 등과 같이 흡수성이 큰 식품은 물에 담그는 즉시 물을 흡수하기 때문에 정확하게 부피를 측정할 수 없다. 이때 사용하는 방법을 채종법이라고 하는데 이유는 좁쌀이나 들깨 등과 같이 작은 종실을 이용하여 부피를 측정하기 때문이다.

채종법의 순서는 첫째, 측정하고자 하는 식품이 충분히 들어갈 작은 그릇을 준비한다. 둘째, 작은 그릇에 종실을 가득 채운 후 나머지 종실은 치운다. 셋째, 작은 그릇의 종실을 덜어내고 측정하고자 하는 식품을 넣고 그 위에 종실을 수북이 넣는다. 넷째, 수북이 쌓인 종실의 윗면을 스패튤러로 수평이 되도록 깎아낸다. 다섯째, 남은 종실을 메스실린더에 넣어 눈금을 읽는다. 이때 주의할 점은 메스실린더를 흔들거나 두드리지 말고 종실을 담아야 정확한 측정이 이루어진다.

표 2-5 전통적 무게 및 부피 단위

1근	육류	600g
	채소, 과일	372g
1홉	1컵	200mL
소두 1되	5홉	1L
대두 1되	10홉	2L
1말	소두 10되	10L
1가마	5말	100L

표 2-6 서양의 부피 단위

1온스(oz)		28.4g
1파운드(Lb)	16온스(oz)	454g
1컵(cup)		240mL
1파인트(pint)	2컵(cup)	473mL
1쿼터(quart)	4컵(cup)	940mL
1겔론(gal)	4쿼터(quart)	3.8L

떡이나 찐빵 등은 끈끈한 표면 때문에 좁쌀이 묻기 쉬우므로 표면에 밀가루를 바르고 측정을 하는 것이 좋다.

〈목적〉

흡수성이 작은 식품과 흡수성이 큰 식품의 특징을 파악하여 적합한 부피측정 방법을 알아본다.

〈재료 및 분량〉

감자 1개, 달걀 1개, 모닝 빵 1개, 절편 1조각, 밀가루 2큰술, 좁쌀 500g

〈기구 및 기기〉

100mL 메스실린더, 500mL 메스실린더, 깔때기, 일반조리기구

〈방법〉

(1) 달걀, 감자, 모닝 빵과 절편의 무게를 측정한다.

(2) 500mL 메스실린더에 물을 200mL 붓고 달걀을 조심해서 넣은 다음에 늘어난 부피를 읽는다.

(3) 500mL 메스실린더에 물을 200mL 붓고 감자를 넣어 증가되는 물의 부피를 읽는다. 이때 감자의 크기가 메스실린더 입구보다 크면 들어가기 좋게 큼직하게 2~3조각으로 잘라 넣는다.

(4) 모닝빵은 좁쌀이 붙지 않도록 겉면에 밀가루를 고루 바른다.

주의

끈기가 있는 식품의 부피를 잴 경우, 반드시 식품의 표면에 밀가루나 전분가루를 발라 좁쌀이 붙지 않도록 한다.

(5) 모닝 빵이 들어가는 작은 그릇에 좁쌀을 가득 채운 다음 남은 좁쌀은 치운다.

(6) 작은 그릇에서 좁쌀을 덜어낸 다음 모닝 빵을 넣고 그 위에 좁쌀을 채워 윗면을 수평이 되도록 깎아 내고 남은 좁쌀을 100mL 메스실린더에 넣어 모닝 빵의 부피를 읽는다.

주의

100mL 메스실린더를 흔들거나 두드리면 실제보다 부피가 작게 나타난다.

(7) 절편의 경우도 모닝 빵과 동일한 방법으로 부피를 읽는다.

(8) 모든 식품의 부피측정은 3회 반복 실시하여 평균값을 구한다.

참고

100mL 메스실린더에 종실을 넣을 경우, 메스실린더를 흔들지 말고 일정한 높이에서 떨어뜨려 넣는다.

플로차트(Flow chart : 흐름도)

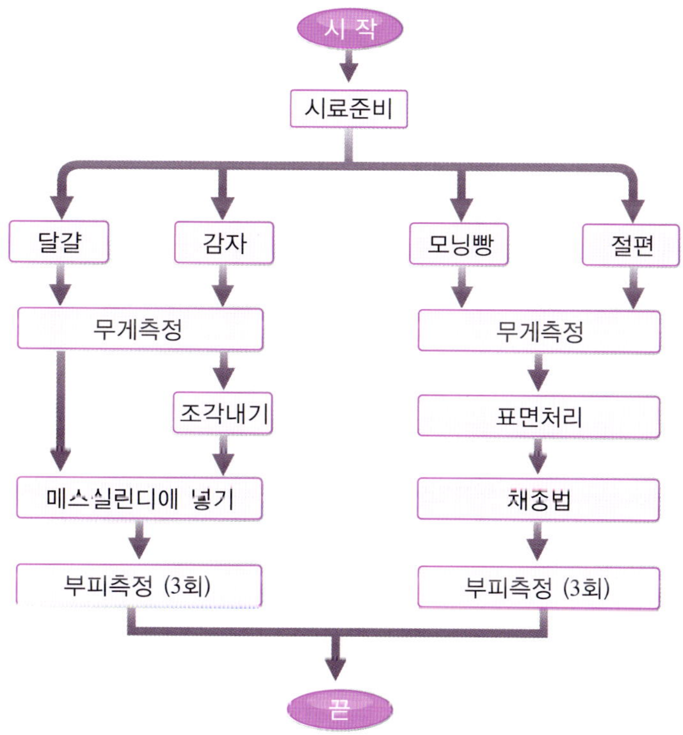

〈결과〉

재료	무게(g)	부피(mL)				
		1회	2회	3회	합계	평균
달걀						
감자						
모닝빵						
절편						

〈문제〉

(1) 모닝 빵이나 절편에 밀가루를 바른 이유는 무엇인가?

(2) 채종법이란 무엇인가?

(3) 부피 측정 시 채종법을 활용할 경우에는 문제점은 무엇인가?

실험 5 식품의 목측량 측정

실제 조리를 하다가 보면 계량 컵이나 계량 스푼으로 식품재료나 조미료를 하나하나 계량하여 사용한다는 것이 사실상 번거롭다. 그래서 오랜 경험에서 오는 목측량을 사용하는 경우가 많은데, 대략 어느 정도의 무게를 지니는지 눈대중으로 어림잡는 것을 목측량이라 한다. 손가락이나 손바닥 등으로 식품재료와 양념을 어림으로 사용하여도 정확히 맛을 낼 수 있도록 목측량을 알아두는 일이 조리를 담당하는 사람에게는 꼭 필요한 일이다.

부피에 대한 목측량은 계량컵이나 계량 스푼이 아니어도 실제 많이 사용하는 도구를 활용하면 편리하다. 예를 들면 밥공기나 국그릇 또는 국사나 수저의 용량을 알아둔다든지 손바닥 한줌의 양을 알아두면 쉽게 조리에 적용할 수 있다.

다음 표 2-7은 식품에 따른 무게 목측량에 대한 자료이다.

표 2-7 식품을 이용한 무게 목측량

목측량	무게(g)	목측량	무게(g)
밥 $\frac{1}{3}$공기	70	바나나 중간 크기 $\frac{1}{2}$개	50
식빵 1쪽	35	달걀 큰 것 1개	50
옥수수 $\frac{1}{2}$개	70	새우 중간 크기 6마리	50
감자 큰 것 1개	150	메추리알 중간 크기 5알	40
사과 큰 것 $\frac{1}{2}$개	100	크래커 6개	20

〈목적〉

식품재료 및 조미료에 대한 눈대중 측정치에 대하여 실제 무게를 측정함으로써 목측량과 실제 무게의 차이를 비교하여 알아본다.

〈재료 및 분량〉

쌀 1공기, 감자(중) 1개, 두부 1모, 방울토마토 10개, 사과(중) 1개,
소금1큰술, 고춧가루 1큰술, 고추장 1큰술, 식용유 1큰술, 간장 1큰술

〈기구 및 기기〉

계량 스푼, 접시, 전자 저울, 일반 조리기구

〈방법〉

(1) 각 식품재료의 양을 보고 눈대중으로 무게를 짐작하여 표에 기록한다.

주의

각 식품재료를 손바닥에 올려놓아 무게감을 느껴본다.

(2) 각 식품재료와 조미료의 무게를 정확히 측정한다.

(3) 정확한 무게를 표에 기록하여 그 차이를 확인한다.

참고

- 일반수저와 계량 스푼의 부피차이를 확인해두면 편리하다.
- 무게를 측정하기 전에 전자저울의 수평을 맞추고 0점을 맞춘 다음 무게를 측정한다.

플로차트(Flow chart : 흐름도)

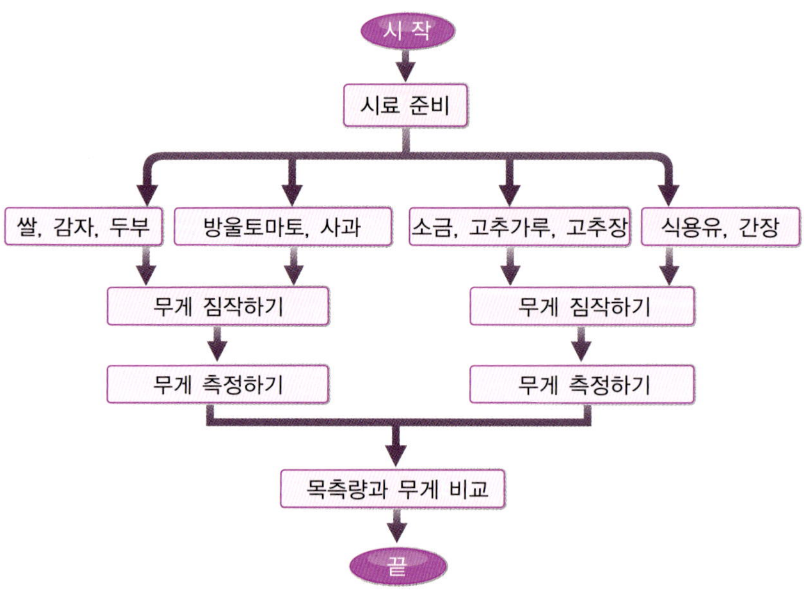

〈결과〉

식품명	목측량	실제 무게	차이	식품명	목측량	실제 무게	차이
쌀밥 1공기				소금 1Ts			
감자(중) 1개				고춧가루 1Ts			
두부 1모				고추장 1Ts			
방울토마토 10알				식용유 1Ts			
사과(중) 1개				간장 1Ts			

〈문제〉

(1) 목측량과 실제 무게의 차이가 가장 많이 나는 식품재료는 무엇인가?

(2) 문제(1)의 이유는 무엇이라고 생각하는가?

(3) 목측량과 실제 무게의 차이가 가장 많이 나는 주미료는 무엇인가?

(4) 문제(3)의 이유는 무엇이라고 생각하는가?

실험 6 각종 식품의 폐기율

식품의 폐기율이란 식품재료 중 먹지 못하는 부분의 비율을 말하는 것으로 예를 들면 먹을 수 없는 생선의 뼈나 채소의 껍질 또는 조개껍질 등의 무게를 각각의 전체 중량에 대한 비율로 표시하는 것이다. 식품의 총 중량에서 폐기율을 제외한 부분을 가식부율이라고 하며 몇 가지 식품의 폐기율 및 가식부율은 표 2-9와 같다.

표 2-8 식품의 폐기율 및 가식부율

식품군	식품 재료명	폐기율(%)	가식부율(%)
채소류	파슬리, 브로콜리	35	65
	콜리플라워, 셀러리	40	60
	양파, 부추, 감자, 가지, 고구마, 무	10	90
	고추, 토마토, 오이	5	95
과일류	파인애플	55~60	60
	바나나	40	75
	사과	25	80
	키위, 배	20	85
난류	달걀	15	85
조육류	닭	50~55	45~50
어류	생선	30~50	50~70

일반적으로 채소류와 어패류는 폐기율이 높은 편이고 식품재료의 크기가 클수록, 식품의 신선도가 높을수록 폐기율은 낮아진다. 식품을 조리할 때는 미리 폐기율을 고려하여 가식부분을 기준으로 삼아야 한다. 특히 단체급식에서 식품재료를 발주할 경우에는 각 식품마다의 폐기율을 고려하여야 발주량을 결정해야 한다. 폐기부분이 있는 경우와 없는 경우의 발주량 계산은 다음과 같다.

폐기부분이 없는 식품 : 1인 1회 분량×급식예정 인원수

폐기부분이 있는 식품 : (1인 1회 분량×급식예정 인원수)×100÷(100－폐기율)

〈목적〉

조리에 많이 이용되는 채소류 및 수산식품의 무게를 측정하고 다듬어 가식부의 무게를 측정하여 폐기율을 직접 계산해 봄으로써 폐기율의 중요성에 대하여 알아본다.

〈재료 및 분량〉

콩나물 300g, 숙주나물 300g, 시금치 300g, 꽁치 3마리, 조개 300g,
오징어 3마리, 새우 300g

〈기구 및 기기〉

접시 7개, 일반 조리기구, 전자 저울

〈방법〉

(1) 모든 식품재료는 손질하기 전의 상태에서 각각의 무게를 측정한다.

주의

각종 식품재료의 무게를 측정하기 전에 저울의 수평을 맞추고 0점을 맞춘 다음에 무게 측정을 실시한다.

(2) 콩나물과 숙주나물은 뿌리와 머리를 제거하여 무게를 측정한다.

(3) 시금치는 뿌리와 변색된 겉잎을 떼어낸 후에 무게를 측정한다.

(4) 꽁치는 지느러미, 내장, 뼈, 머리를 제거하고 무게를 측정한다.

(5) 조개는 껍질을 제거하고 조갯살의 무게를 측정한다.

(6) 오징어는 배를 갈라서 내장과 뼈를 제거하고 단단한 입과 껍질을 제거하여 무게를 측정한다.

주의

오징어의 껍질은 마른 행주로 잡고 벗기면 쉽게 벗겨진다.

(7) 새우는 내장을 제거한 후에 껍질과 머리를 떼어내고 무게를 측정한다.

주의

새우는 먼저 내장을 제거하고 껍질을 벗기는 것이 좋다.

(8) 오차를 줄이기 위하여 3회 측정하여 평균값을 기록한다.

(9) 각 식품별로 폐기율을 계산해 낸다.

참고

- 식품의 전체 무게에서 폐기되는 부분의 무게를 측정하여 폐기율을 구한다.
  폐기율＝폐기되는 부분의 무게/전체 무게×100
- 식품의 전체 무게에서 가식부위의 무게를 제외하고 폐기율을 계산한다.
  폐기율＝(전체 무게－가식부분의 무게)/전체 무게×100

플로차트(Flow chart : 흐름도)

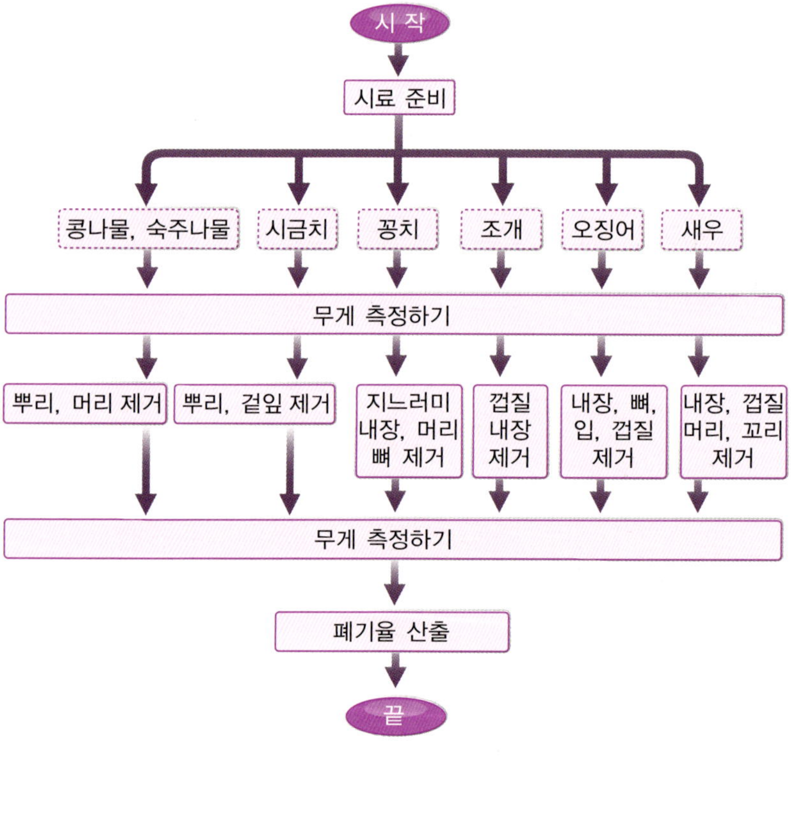

〈결과〉

식품군	측정 횟수	콩나물	숙주나물	시금치	꽁치	조개	오징어	새우
전체무게 (g)	1회							
	2회							
	3회							
	평균							
폐기부분 무게 (g)	1회							
	2회							
	3회							
	평균							
폐기율(%)								

〈문제〉

(1) 위의 실험에서 폐기율 계산에 사용해야 할 공식은 무엇인가?

(2) 위 실험에서 폐기율이 가장 높은 것은 어느 것이며 이유는 무엇인가?

(3) 조리에서 폐기율이 중요한 이유는 무엇인가?

실험 7 건조식품의 흡수율 및 흡수속도 비교

식품의 건조는 신선식품의 수분을 제거하여 식품에 저장성과 보존성을 부여하기 위해 행해지는 과정으로 조리에 사용하기 위해서는 조직의 연화 등을 위해 흡수과정을 거치게 된다.

일반적으로 식품을 물이나 조미액에 담가 두는 목적은, 첫째 건조된 식품이나 수분이 적은 식품에 수분을 공급하는 것이고, 둘째 조직을 부드럽게 하기 위한 것이며, 셋째 나쁜 맛 성분이나 불필요한 성분 등을 제거하기 위한 것이고, 넷째 산화효소의 활성화에 따른 갈변을 방지하기 위한 것이며, 다섯째 맛이 배어들게 하기 위한 것이다.

특히 건조된 식품이나 수분함량이 적은 식품은 가열하기 전에 수분을 흡수시켜야 조직이 연화되고 팽윤되어 열이 신속하고 고르게 전달될 수 있다. 수분을 흡수시킬 목적으로 담그는 경우, 흡수량은 흡수시간 및 흡수속도에 따라 다르며, 흡수속도는 수온에 따라 달라서 온도가 높을수록 빨라진다.

수분을 흡수하게 되면 식품의 무게가 증가하게 되는데, 이 증가된 무게를 기준으로 사용할 조미료의 양이 결정되므로 무게 증가율을 알아두면 편리하다. 불린 후의 무게 증가율은 미역의 경우에 8~10배, 당면은 6~7배, 버섯류는 5~8배, 국수류는 약 3배, 고사리는 5~7배, 쌀은 0.2~0.3배, 콩은 2~3배이다.

식품을 담그는 경우, 용액에 수용성 영양성분과 맛 성분이 용출되므로 적당 시간 이상은 담그지 않는 것이 바람직하며, 담근 용액을 버리지 말고 조리할 때에 이용하는 것이 좋다. 식품의 담그는 시간은 표고버섯은 20~30분, 콩은 8~12시간, 해조류는 1시간 이내가 적당하다.

〈목적〉

곡류, 두류, 기타 건조식품의 침수시간에 따른 수분흡수율을 파악하여 적정한 침수시간을 알아본다.

〈재료 및 분량〉

쌀(백미) 60g, 현미 60g, 콩 60g, 목이버섯 30g, 미역 30g, 무말랭이 30g

〈기구 및 기기〉

100mL 비커 18개, 300mL 비커 18개, 키친타월, 전자 저울, 일반조리기구

〈방법〉

(1) 쌀을 10g씩 계량하여 6개의 비커에 담고 각각 물 50mL 정도를 넣어 불린다.

(2) 10분이 되면 비커 1개의 수분을 제거하고, 키친타월로 닦아서 쌀의 물기를 완전히 제거한 후에 무게를 단 다음, 아래의 식을 이용하여 흡수율을 계산한다.

흡수율=(불린 쌀의 중량−마른 쌀의 중량)×100／마른 쌀의 중량

(3) 20, 30, 40, 50, 60분이 되면 각 비커의 쌀을 꺼내어 물기를 완전히 제거하고 무게를 달아서 흡수율을 계산한다.

(4) 다른 재료도 아래와 같은 조건으로 6개씩 불린 다음 (2)~(3)의 과정대로 처리한 후 흡수율을 계산한다.

A: 쌀 10g, 물 50mL

B: 현미 10g, 물 50mL

C: 콩 10g, 물 50mL

D: 목이버섯 5g, 물 200mL

E: 미역 5g, 물 200mL

F: 무말랭이 5g, 물 200mL

참고

수온을 달리한 흡수속도를 알아보기 위해서는 수조(water bath)를 사용하여 30°C의 침수 환경에서 실험을 함께 진행할 수 있다.

플로차트(Flow chart : 흐름도)

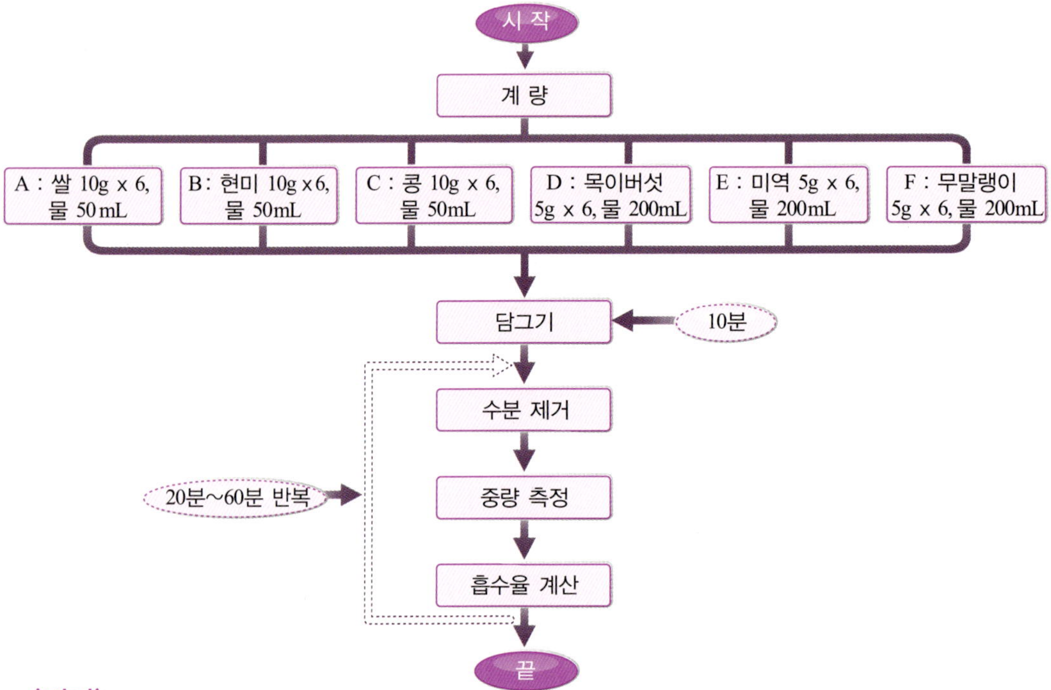

〈결과〉

구분	시료	0분	10분	20분	30분	40분	50분	60분
A	쌀							
B	현미							
C	콩							
D	목이버섯							
E	미역							
F	무말랭이							

〈문제〉

(1) 쌀과 현미의 흡수율의 차이는 왜 나타날까?

(2) 콩은 쌀에 비해 왜 흡수율이 낮을까?

(3) 미역의 흡수율이 다른 식품에 비해 높은 이유는 무엇일까?

(4) 수온이 높아질수록 흡수율은 어떻게 될까?

실험 8 설탕용액의 가열시 특성 비교

설탕은 자당 또는 서당이라고 부르며, 당류 중에서 전분 다음으로 많이 이용되고, 조리 시에 주로 단맛을 내는 조미료로 이용되기도 하며, 그 밖에 설탕을 이용한 가공품의 재료로 사용된다.

설탕용액은 가열하면 수분이 증발하면서 설탕용액의 농도가 증가되고 이에 따라 비등점이 상승하게 된다. 설탕농도 10%인 설탕용액의 비등점이 100.4°C이나, 설탕농도 60%와 85%의 설탕용액의 비등점은 각각 103°C와 114°C이며, 100% 설탕에서는 비등점이 160°C이다. 따라서 설탕 시럽의 끓는 온도 측정을 통하여 시럽의 설탕 농도를 파악할 수 있어 설탕 시럽의 비등점이 설탕농도의 측정지표로 이용되기도 한다. 설탕용액은 가열에 따라 황색을 거쳐서 섬차 색이 진해짐으로써 흑색 또는 흑갈색의 물질을 형성하는데 이를 캐러멜화 반응이라 한다. 캐러멜화 반응은 자연 발생적으로 일어나는 것이 아니라 반드시 고온에서 당류 및 당류 수용액을 가열할 경우에 일어나는 반응이다. 다음은 설탕의 가열시 나타나는 변화를 냉수시험을 통해 관찰한 결과이다.

표 2-9 설탕용액의 냉수시험(cold water test)

분류	온도(℃)	온도(℃)	용도
실	110~112	스푼에서 떨어뜨렸을 때 실을 형성한다	시럽
소프트 볼 (soft ball)	112~116	냉수에서 공 모양 형태를 겨우 유지할 수 있는 정도	폰던트, 퍼지
퍼지펌 볼 (firm ball)	118~121	냉수에서 공 모양 형태를 겨우 유지할 수 있는 정도	캐러멜
하드 볼 (hard ball)	121~130	냉수에서 단단한 공 모양	디비니티
소프트 크랙 (soft crack)	132~143	냉수에서 단단한 실 형성	버디스카치, 태피
하드 크랙 (hard crack)	149~153	냉수에서 부서지기 쉬운 실 형성	브리틀, 글래이즈
몰튼 슈거 (molten sugar)	160	맑은 점성 있는 액체	단음식의 향기와 색
캐러멜(caramel)	160~177	갈색의 점성 있는 액체	캐러멜 소스

설탕이나 물엿 등을 주원료로 하는 캔디류나 과자류에 있어서 캐러멜화반응은 중요하게 다루어지는데, 캐러멜화 반응의 과정 중에 형성되는 각종 가열 분해물이 향기나 맛을 지니고 있으므로 당류를 다량 함유한 식품 가공품의 풍미에 큰 영향을 주고 있기 때문이다.

〈목적〉

설탕용액을 가열하면서 가열 온도에 따라 끓을 때 기포의 상태나 색과 향의 변화를 관찰하고, 냉수시험(cold water test)을 통하여 가열한 설탕용액이 식었을 때의 단단한 정도의 변화를 알아본다.

〈재료 및 분량〉

설탕 100g, 물 50g

〈기구 및 기기〉

250mL 내열성 비커 1개, 200°C 온도계 1개, 석면망 2개, 전자 저울 ,
흰색 도자기 접시 1개, 500mL 비커 1개, 일반 조리기구

〈방법〉

(1) 비커에 분량의 물과 설탕을 넣고 설탕이 녹을 때까지 저어 주면서 강한 불로 가열한다.

주의
설탕용액 가열시 비커의 주변에 묻은 설탕입자는 젖은 행주로 닦아낸다.

(2) 100°C가 되면 약한 불로 줄이면서 105°C가 되었을 때에 끓는 상태를 관찰한다.

주의
온도계가 비커 바닥에 닿지 않도록 한다.

(3) 흰 접시에 유리봉으로 가열한 설탕 용액 2~3방울씩 떨어뜨려 식힌 다음, 색과 향과 맛을 관찰하여 기록한다.

주의
흰 접시에 떨어뜨린 용액은 뜨거우므로 식은 후에 맛을 평가한다.

(4) 500mL 비커에 냉수를 담아두고, 가열한 설탕 용액 4~5방울을 떨어뜨려 식은 용액의 단단한 정도와 흐르는 상태를 관찰한다.

주의

비커 속에 가열한 설탕용액을 떨어뜨리는 순간부터 가라앉아 굳을 때까지의 과정을 세심히 관찰한다.

(5) 110, 120, 130, 140, 150, 160, 170°C가 되면 각각의 온도에서 (2)~(4)의 실험을 반복하여 실시한다.

주의

수분이 증발되고 나면, 즉 100°C 이상에서는 가열시 온도가 급속히 상승된다.

참고

온도계는 사용하기 전에 끓는 물에서 온도계의 보정을 거친 다음에 사용한다.

플로차트(Flow chart : 흐름도)

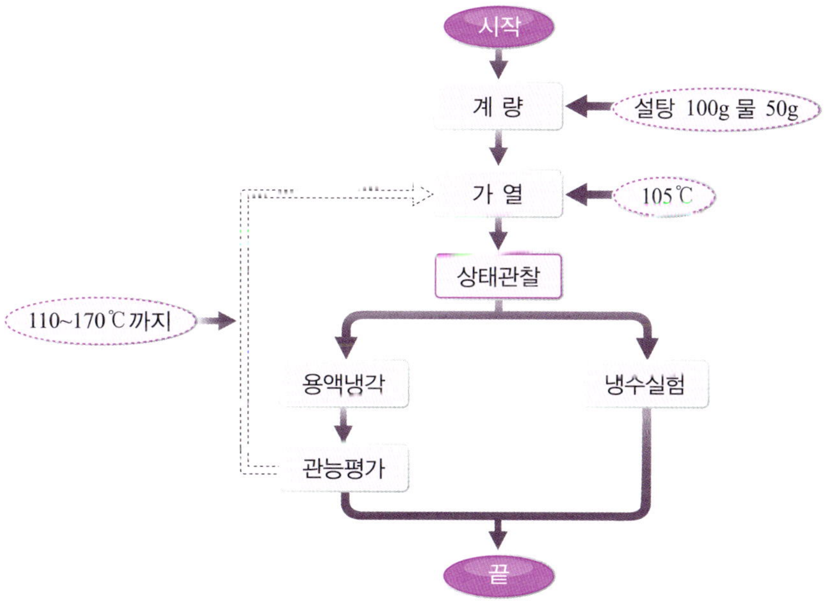

〈결과〉

온도(℃)	끓는 상태	관능검사			단단한 정도	냉수 실험 결과
		색	향	맛		
105						
110						
120						
130						
140						
150						
160						
170						

〈문제〉

(1) 설탕용액이 단단해지는 것은 몇 도인가?

(2) 맛탕을 할 수 있도록 노란색 실이 생기는 지점은 몇 도인가?

(3) 특유의 캐러멜향이 나는 것은 몇 도인가?

실험 9 밀가루 종류에 따른 글루텐 함량 비교

밀입자는 중앙에 홈이 길게 파여 있어 제거하기 힘들 뿐만 아니라 쌀과는 달리 배아 부분은 연하고 외피는 단단하여 외피를 제거하려면 배유 부분이 먼저 부서지기 때문에 낟알로 먹기보다는 밀가루로 제분하여 사용된다. 즉, 먼저 밀의 입자를 분쇄한 후에 외피를 분리하거나 또는 외피를 포함하여 가루 형태로 이용하게 된다.

밀가루는 글루텐의 함량에 따라 강력분, 중력분, 박력분으로 나뉜다. 밀가루의 종류별 글루텐 함량은 강력분은 13% 이상, 중력분은 10~13% 정도, 박력분은 10% 이하이다. 강력분은 탄력성과 점성이 강하고 수분 흡수율도 높아 주로 제빵용으로 사용되며 중력분은 칼국수나 부침용과 같이 가정에서 주로 다목적용으로 사용된다. 박력분은 탄력성과 점성이 약하고 수분흡수율도 낮기 때문에 케이크나 비스킷 및 파이를 만드는 데 사용된다.

밀가루는 다른 곡류와는 달리 물을 첨가하여 단백질이 수화되면 3차원 망상구조인 글루텐이 형성되면서 밀가루 특유의 조리성을 나타낸다. 글루텐은 밀가루에 존재하는 글리아딘과 글루테닌이 물과 결합하여 형성된 단백질로, 탄성을 제공하는 글루테닌과 점성 및 신장성을 제공하는 글리아딘에 의해 점탄성을 갖게 된다.

밀가루에 50~60%의 물을 가하고 충분히 반죽한 다음, 헝겊에 싸거나 체에 밭쳐 씻어주면 전분은 씻겨 나가고 약간 누런색의 점탄성이 있는 검(gum)질 상의 물질만 남게 된다. 이것이 젖은 상태의 글루텐(습부, wet gluten)이며, 이것을 드라이오븐에서 건조시키면 마른 상태의 글루텐(건부, dry gluten)이 되는데 습부량은 건부량의 약 3배 정도이다.

〈목적〉

강력분 · 중력분 · 박력분에 함유되어 있는 글루텐의 함량과 질의 차이를 알아본다.

〈재료 및 분량〉

강력분 100g, 중력분 100g, 박력분 100g, 물 150g

〈기구 및 기기〉

볼 3개, 행주 3개, 전자저울

〈방법〉

(1) 세 가지 시료의 밀가루 100g에 물 50g을 넣고 재빨리 뭉쳐서 반죽한다.

A: 강력분 100g, 물 50g

B: 중력분 100g, 물 50g

C: 박력분 100g, 물 50g

(2) (1)의 반죽을 100번 더 치댄 후, 3가지 반죽의 점성(신장성 : 늘려보기)과 탄력성(눌러보기)을 관찰 · 비교한다.

(3) (2)의 반죽을 젖은 행주에 싸서 30분동안 방치한 후 점성과 탄력성을 관찰하여 방치한 효과에 따른 반죽의 특성 변화를 관찰한다.

(4) (3)의 반죽을 행주에 싸서 물이 든 큰 그릇 속에서 주무르면서 전분이 씻겨 나오지 않을 때까지 씻어낸다.

주의

물을 바꾸어 가면서 반죽을 씻어내는데, 이때 글루텐이 행주 사이로 빠지지 않도록 반죽을 행주에 잘 싸서 주무른다.

(5) 맑은 물을 유지하게 될 때 행주를 펴면 끈끈한 물질인 젖은 글루텐(습부 : wet gluten)이 남는다. 이것을 손으로 꽉 짜도 물이 묻어나지 않을 때까지 마른 행주에 닦아낸 후 무게를 측정하고, 밀가루 무게에 대한 젖은 글루텐 무게의 백분율(습부율)을 계산한다.

습부율 = 젖은 글루텐의 중량(g) × 100 / 밀가루 중량(g)

참고

마른 글루텐(건부 : dry gluten)은 보통 젖은 글루텐의 $\frac{1}{3}$ 정도가 되는데 이를 측정하려면 젖은 글루텐을 110℃의 건조기에서 항온에 도달할 때까지 1~2시간 말린 후 밀가루 무게에 대한 마른 글루텐 무게의 백분율로 계산한다.

플로차트(Flow chart : 흐름도)

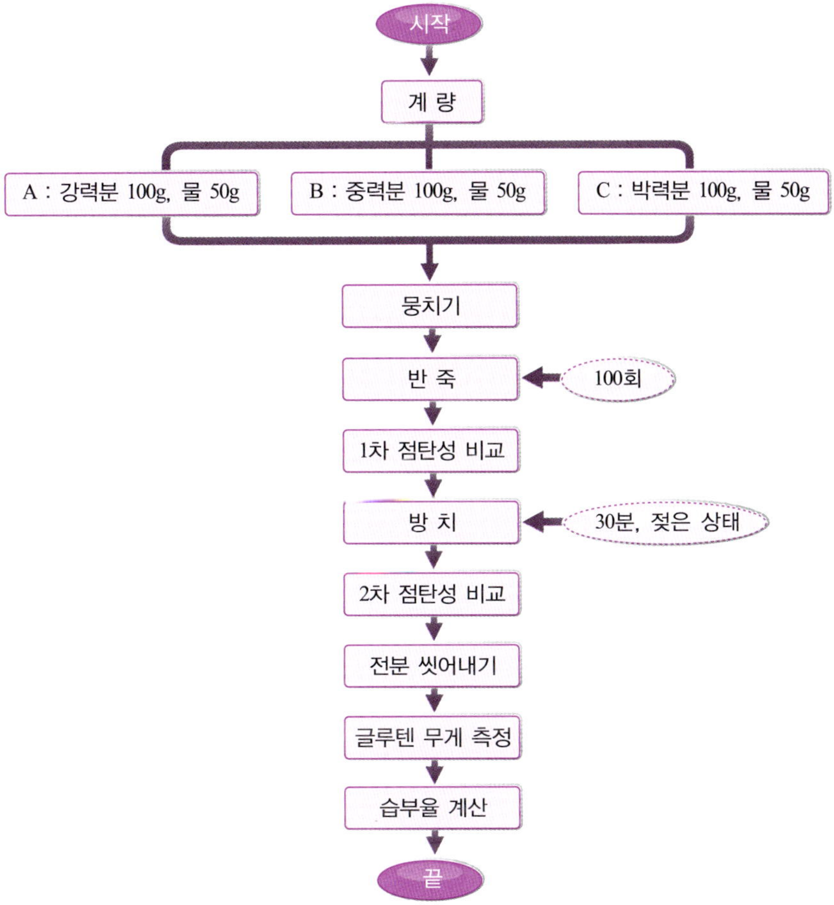

〈결과〉

구분	조건	100회 치댄 후 반죽		30분 방치 후 반죽		젖은 글루텐의 양(g)/습부율(%)
		점성	탄성	점성	탄성	
A	강력분					
B	중력분					
C	박력분					

〈문제〉

(1) 3가지 밀가루 반죽의 점탄성의 차이를 설명하시오.

(2) 밀가루 반죽을 만들어 일정시간을 방치하는 것은 어떤 의미가 있는가?

(3) 3가지 밀가루의 흡수력의 차이를 설명하시오.

실험 10 첨가물질에 따른 콩 질감의 변화

콩은 곡류보다 단백질 함량이 약 2~5배 많이 함유되어 있고, 인 · 철 · 칼슘 · 비타민 B_1도 풍부하다. 또한, 콩에는 이소플라본, 사포닌, 식이섬유, 올리고당, 안토시아닌 등의 다양한 기능성분이 함유되어 있어 그 가치가 더욱 높게 평가되고 있다.

콩은 종피, 자엽, 배아로 구성되어 있는데 그 중 자엽을 식용으로 한다. 그러나 콩의 약 9%를 차지하는 종피는 조섬유가 많고 조직도 치밀하여 단단하기 때문에 콩의 소화를 방해하므로, 조리하기 전에 장시간 물에 담가서 충분히 흡수되도록 한 후에 가열 조리하는 것이 좋다. 콩을 연화하는 습열조리법으로는 다음과 같은 방법이 좋다.

① 조리하기 전 1% 정도의 식염용액에 대두를 담갔다가 그 용액으로 가열

가열에 의해 섬유소가 연화되는 성질 때문이며, 대두의 주된 단백질인 글리시닌(glycinin)이 식염용액에 잘 용해되어 쉽게 연화되기 때문이다.

② 약알칼리성의 중조수에 대두를 담갔다가 그 용액에서 가열

섬유소가 알칼리 조건에서 쉽게 연화되고, 대두의 단백질인 글리시닌이 약알칼리 용액에서 용해되므로 쉽게 연화되기 때문이다. 대두중량의 0.3% 정도가 적절하다.

③ 압력솥 이용

압력솥은 내부온도가 115~125°C의 고온이므로 단시간에 가열로 물러진다.

반면, 산은 섬유소를 단단하게 하며 경수에 함유되어 있는 칼슘이온(Ca^{2+})과 마그네슘이온 (Ma^{2+})이 펙틴과 결합하여 대두의 연화를 방해하므로 주의하도록 한다.

연화방법을 활용하여 조리하더라도 콩자반 등 콩을 통째로 섭취하는 경우는 소화율이 높지 않으므로 소화율을 높이기 위해서는 콩 조직을 마쇄한 두부, 유부, 콩가루, 된장, 청국장, 비지 등의 가공품으로 이용한다.

〈목적〉

콩을 연화하는 방법과 연화를 방해하는 요소를 이해한다.

〈재료 및 분량〉

콩 150g, 중조 $\frac{1}{4}$작은술, 식초 3큰술

〈기구 및 기기〉

500mL 비커 3개, 석면망 3개, 계량 컵, 계량 스푼, 타이머, 전자 저울, pH meter

〈방법〉

(1) 콩 150g을 50g씩 계량한다.

(2) 콩을 세척한 후에 불린다.

주의

겨울에는 24시간, 봄 · 가을에는 12시간, 여름에는 6시간 불린다.

(3) 불린 콩의 물을 뺀 후에 물기를 제거하고 무게를 측정한다.

(4) 각각의 불린 콩을 500mL 비커에 넣고 아래의 조건을 첨가한 후 pH를 측정한다.

A : 물 1컵

B : 물 1컵, 중조 $\frac{1}{4}$작은술

C : 물 1컵, 식초 3큰술

(4) 30분 동안 가열한 후에 증가된 무게와 연화정도를 비교한다.

주의

- 가열할 때에 거품이 많이 나면 소포제로 식용유 2~3방울을 떨어뜨린다.
- 화력은 너무 강하지 않게 하고 뚜껑을 덮고 가열한다.

플로차트(Flow chart : 흐름도)

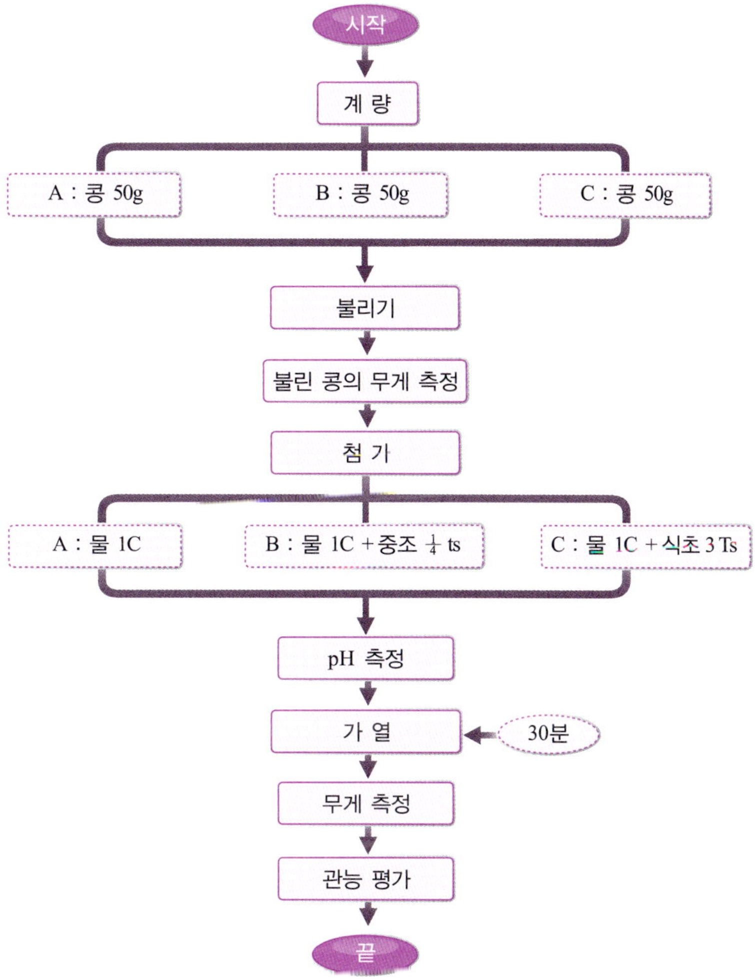

〈결과〉

구분	조건	무게(g)			가열에 의한 무게 증가율(%)	질감	조리수 pH
		불리기 전	불린 후	가열 후			
A	무첨가						
B	중조 $\frac{1}{4}$ts						
C	식초 3Ts						

〈문제〉

(1) 중조를 넣고 끓인 콩의 질감이 부드러운 이유는 무엇인가?

(2) 식초를 넣고 끓인 콩의 질감이 단단한 이유는 무엇인가?

(3) 중조 첨가 이외에 대두를 연화시킬 수 있는 다른 방법은 무엇인가?

실험 11 조미방법에 따른 고기의 연화 효과

우리가 흔히 사용하는 육류는 쇠고기와 돼지고기이며 그 밖에 토끼, 염소, 양, 말 등이 이용된다. 육류는 동물의 종류, 연령이나 신체부위, 지방의 분포상태 등에 의해 육류의 질과 맛뿐만 아니라 색에서도 차이를 나타낸다.

고기의 질감을 평가할 때 부드러운 육질을 선호하며, 연한 육질에 영향을 주는 요인은, 첫째로 어린 동물의 경우 결체조직이 늙은 동물보다 적어 부드럽고 연하다. 둘째로 근육의 운동량이 적은 부위는 운동량이 많은 부위에 비하여 연하다. 셋째로 지방의 분포가 고르게 나타난 경우가 근섬유만 있는 부위보다 연하다.

육류를 부드럽게 만들기 위하여 조리단계별로 실시할 수 있는 몇 가지 조리방법이 있는데 재료의 손질단계에서 시행할 수 있는 방법과 조미의 단계에서 시행할 수 있는 방법이다.

첫째, 재료의 손질 단계에서 사용하는 방법으로 칼을 사용하여 근섬유의 결과 반대방향으로 썰거나 칼집을 넣어주거나 질긴 결체조직을 잘라내고 곱게 다지거나 갈아주는 것이다.

둘째로 조미의 단계에서 사용하는 방법으로 여기에는 일반적인 양념을 사용하는 방법과 단백질 분해효소를 이용하는 방법이 있다. 우선 일반적인 양념을 사용하는 방법으로는 간장이나 소금을 첨가하여 1.3~1.5%의 염도를 만들어 주는 것을 들 수 있다. 그리고 설탕을 첨가하여 단백질의 열응고 온도를 상승시키는 방법이 있으며, 과당을 다량 함유한 꿀을 첨가하여 보습성을 높이는 방법도 있다. 또한 토마토주스나 프렌치드레싱 및 식초 등에 담가 약산성으로 만들어 수화력을 증가시키는 것이 있는데 이로써, 육류를 연화시킬 수 있다.

단백질 분해효소를 활용하여 육류를 연하시키는 방법으로는 열대과일인 파파야에 함유된 효소 파파인, 파인애플에 함유된 효소 브로멜린, 무화과에 함유된 피신이라는 효소를 활용하는 것이다. 그 밖에 우리나라에서는 배나 무즙을 활용하여 그 안에 존재하는 단백질 분해효소로 육류를 연화시켰으며, 최근에는 키위에 강력한 단백질 분해효소가 존재한다는 것이 알려지기도 했다.

고기에 단백질 분해효소를 사용하는 방법은 얇게 썬 고기에는 단백질 분해효소를 양념처럼 섞어 주거나 육류를 덩어리째 요리하는 경우 포크로 단백질 분해효소를 고기의 내부로 찔러 넣는 방법이 주로 이용된다.

〈목적〉

육류조리 시에 사용되는 각종 조미방법이 고기의 연화에 미치는 효과를 알아본다.

〈재료 및 분량〉

쇠고기(우둔살) 400g, 배즙 1큰술, 키위 즙 1큰술, 생파인애플 즙 1큰술,
설탕 4작은술, 간장 8작은술, 참기름 2작은술, 후추 약간

〈기구 및 기기〉

접시 4개, 면포, 전자 저울, 일반 조리기구

〈방법〉

(1) 쇠고기를 준비하여 4mm 두께로 썰고 접시에 담아 다음과 같이 연화처리한다.

① 우둔살 100g

② 우둔살 100g, 배 즙 1큰술

③ 우둔살 100g, 키위 즙 1큰술

④ 우둔살 100g, 생파인애플 즙 1큰술

주의

모든 즙은 갈아 면포에 짜서 사용한다.

(2) 연화처리한 것을 10분간 방치 후 각각에 설탕 1작은술, 간장 2작은술, 참기름 $\frac{1}{2}$작은술, 후추 약간을 넣어 양념을 한다.

주의

비닐장갑을 낀 손으로 조물조물 양념하여 양념이 배도록 한다.

(3) 양념한 고기는 20분 동안 둔다.

(4) 프라이팬에서 앞뒷면을 돌려가며 1분 동안 굽는다.

주의

고기를 굽는 불의 세기는 중불로 일정하게 하여 주어진 시간만큼 조리한다.

(5) 질감위주로 관능평가를 실시한다.

참 고

쇠고기는 우둔이나 등심 또는 안심을 이용한다.

플로차트(Flow chart : 흐름도)

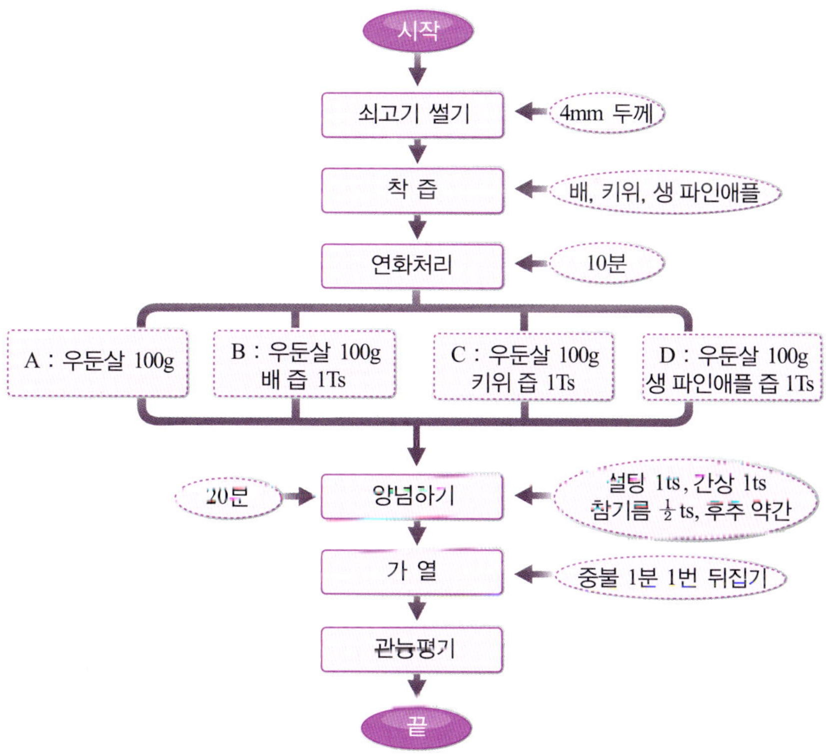

〈결과〉

구분	조건	질감	맛	기호도(순위)
A	무 첨가			
B	배 즙 1Ts			
C	키위 즙 1Ts			
D	생 파인애플 즙 1Ts			

〈문제〉

(1) 가장 연화된 고기는 어느 것이며 연화원리는 무엇인가?

(2) 실험에 사용한 첨가물외에 다른 연화방법은 무엇인가?

(3) 연화시키는 물리적인 방법은 무엇인가?

실험 12 가열에 의한 우유의 변화

우유를 가열하면 카세인은 응고가 일어나지 않지만 유청단백질인 락트알부민과 락토글로불린은 응고하기 시작한다. 즉, 가열을 하게 되면 단백질의 3차 구조의 변성이 일어나면서 피막의 형성이나 눌어붙기 등이 일어나며 이와 함께 익은 냄새나 갈색화 등의 변화를 볼 수 있다.

피막의 형성

우유를 데울 때 뚜껑을 덮지 않고 산소에 노출시키면 우유의 표면에 얇은 막이 생기는데, 이는 우유의 락트알부민과 락도글로불린이 지방구와 서로 혼합되어 응고한 것이다. 피막을 제거하면 영양소의 손실이 나타나며, 제거한 후에는 또 다시 생긴다. 피막 형성을 방지하려면, 그릇의 뚜껑을 덮고 조리하거나 우유를 희석하거나 거품을 내어 데우거나 저어 주면서 조리한다.

눌어붙기

우유를 냄비에 넣고 직접 가열하면 냄비의 밑바닥에 눌어붙는 현상이 생기는데, 이는 락트알부민이 냄비의 바닥에서 열응고하고 갈변되어 생긴 것이다. 우유가 눌어붙는 것을 방지하려면, 우유를 저으면서 가열하거나 중탕으로 가열하는 방법이 좋다.

익은 냄새

우유를 75°C 정도로 가열하면 락토글로불린의 3차 구조가 풀리면서 −SH기가 활성화되고, 이로 인해 분자량이 작은 휘발성 황화물과 황화수소(H_2S)가 생성되기 때문에 익은 냄새가 나게 된다. 온도가 더 높아지면 캐러멜취로 바뀐다.

갈색화

우유에는 단백질과 유당이 공존하고 있는데 이 경우, 120°C에서 5분 이상 가열하면 아미노 카보닐 반응이라고도 하는 마이야르 반응(Maillard reaction)이 일어나면서 리신이 손실되고 멜라노이딘이라는 갈색 물질이 형성된다.

〈목적〉

가열에 의해 생긴 우유의 변화를 관찰하고 원리를 이해한다.

〈재료 및 분량〉

우유 400mL

〈기구 및 기기〉

300mL 비커 4개, 석면망 4개, 일반 조리 기구

〈방법〉

(1) 우유 100mL를 비커에 넣고 석면망을 깔은 약한 불에 얹는다.

(2) 아래의 조건으로 가열한 후 불에서 내려놓는다.

① 뚜껑을 닫고 10분

② 뚜껑을 열고 10분

③ 뚜껑을 열고 저으면서 10분

④ 중탕으로 10분

주의

가열 시 피막이 형성되면 증기의 증발을 막아서 우유가 일시에 끓어 넘칠 수 있으므로 주의한다.

(3) 우유 표면에 생성된 피막과 바닥의 응고물 및 갈변 정도를 평가한다.

플로차트(Flow chart : 흐름도)

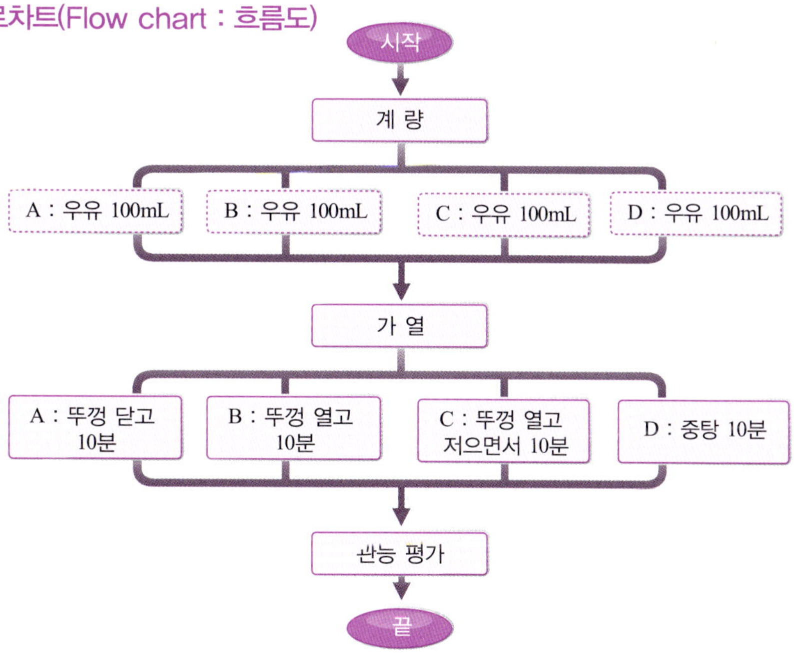

〈결과〉

구분	조건	표면에 피막이 생긴 정도	맛	갈변 정도
A	뚜껑 닫고 10분 가열			
B	뚜껑 열고 10분 가열			
C	뚜껑 열고 저으면서 10분 가열			
D	중탕으로 10분 가열			

〈문제〉

(1) 표면에 생긴 막의 성분은 무엇인가?

(2) 우유 가열에 의한 갈색화 현상의 원리는 무엇인가?

(3) 가장 적당한 가열방법은 무엇이라고 생각하는가?

실험 13 산에 의한 우유의 응고특성 비교

우유는 산에 의해서 응고가 일어나는데 이는 카세인의 등전점(pH 4.6~4.8)에 도달하여 나타난 현상이다. 신선한 우유의 pH에서는 카세인이 칼슘포스포카세이네이트(calcium phosphocaseinate)로 존재하면서 안정한 졸(sol)의 상태를 유지하지만 우유에 자연적으로 산이 생성되거나 산이 첨가되면 카세인의 등전점 부근이 되어 카세인이 전기적으로 중성을 나타내면서 큰 덩어리로 뭉쳐 침전 · 응고가 발생한다.

토마토 크림수프처럼 채소나 과일을 우유와 함께 조리할 때도 채소나 과일에 함유된 유기산으로 인해 우유의 응고가 일어난다. 이는 음식의 품질을 저하시키는 요인이 되므로, 토마토를 먼저 가열하여 산을 휘발시킨 후 사용하거나 먹기 직전에 토마토를 첨가하면서 응고를 방지하는 방법을 강구하는 것이 좋다.

반면 산에 의한 응고 원리를 이용하여 치즈를 만든다. 그러나 산성 pH에서는 칼슘의 용해도가 높아 산에 의한 응고가 일어날 때는 칼슘이 유청에 녹아나게 되므로, 이 원리를 이용하여 만든 치즈(코티지 치즈, 모짜렐라 치즈)는 칼슘 함량이 낮다.

〈목적〉

여러 가지 산성 물질이 우유단백질인 카세인의 응고에 미치는 영향을 알아본다.

〈재료 및 분량〉

우유 200mL, 탈지우유 200mL, 식초 2큰술, 토마토 즙 2큰술

〈기구 및 기기〉

250mL 비커 4개, 계량 컵, 계량 스푼, 체, 면포, 200mL 메스실린더, pH meter(또는 pH paper), 전자 저울, 일반조리기구

〈방법〉

(1) 우유의 pH를 측정한다.

(2) 우유 100mL에 식초 1큰술을 넣고 10초간을 천천히 질 섞은 후 pH를 측정하고 10분 정도 방치한다.

(3) 응고된 우유를 면포를 깐 체에 부어 유청과 응고물을 분리한다.

주의

무거운 것을 올려두어 물이 잘 빠지도록 한다.

(4) 유청의 양을 메스실린더로 측정하고 아래의 식을 이용하여 커드의 생성률을 계산한다.

커드(%) = (우유의 양－유청의 양) ×100/우유의 양

주의

유청의 양은 분리된 유청의 양에서 첨가된 산의 양을 제하고 계산한다.

(5) 체에 남은 응고물과 유청의 색이나 질감 등에 대해 관능평가 한다.

(6) 아래의 조건으로 반복하여 실험한다.

① 우유 100mL에 식초 1큰술을 첨가한다.

② 우유 100mL에 토마토 즙 1큰술을 첨가한다.

③ 탈지우유 100mL에 식초 1큰술을 첨가한다.

④ 탈지우유 100mL에 토마토 즙 1큰술을 첨가한다.

주의

토마토 즙은 토마토를 갈아 면포에 걸러 사용한다.

플로차트(Flow chart : 흐름도)

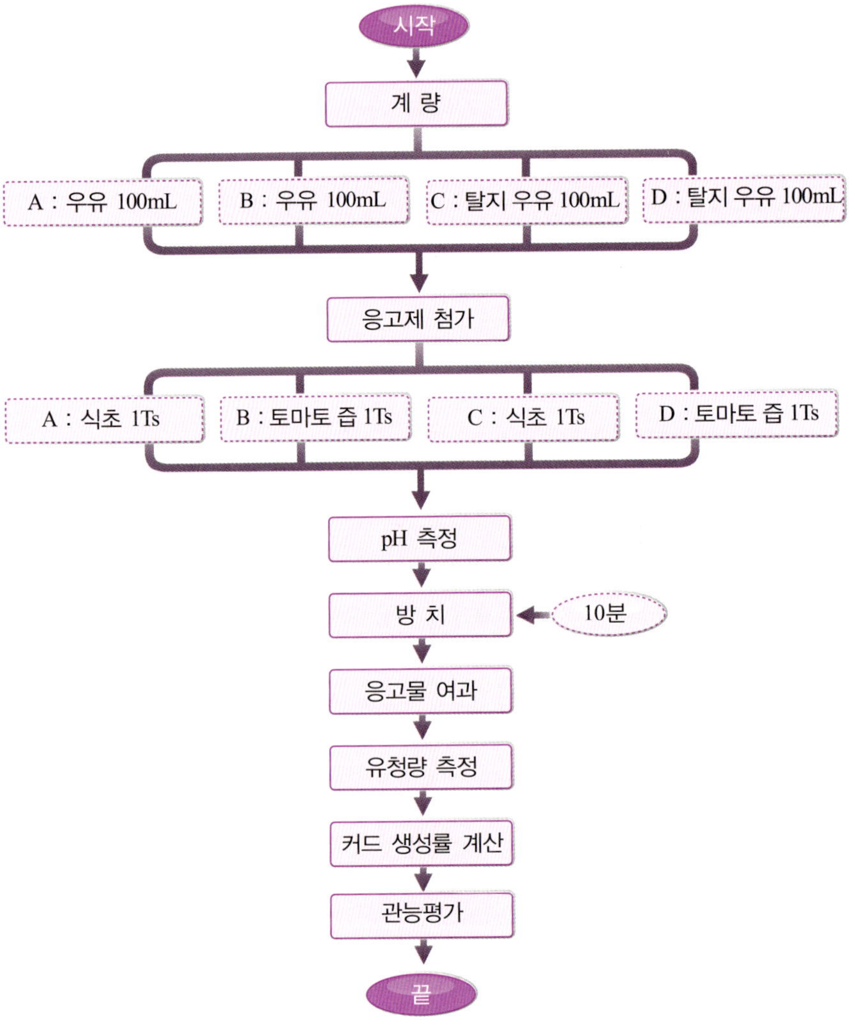

〈결과〉

구분	조건	유청(mL)	커드(%)	관능평가	
				응고물의 질감	유청의 상태
A	우유+식초				
B	우유+토마토 즙				
C	탈지 우유+식초				
D	탈지 우유+토마토 즙				

〈문제〉

(1) 산에 의해 응고되는 우유의 성분은 무엇인가?

(2) 산에 의한 응고원리는 무엇인가?

(3) 우유와 탈지우유의 응고물에서 나타나는 차이는 무엇 때문인가?

실험 14 효소에 의한 우유의 응고특성 비교

카세인은 단백질 분해효소인 레닌에 의해서도 응고가 일어난다. 카세인은 a-카세인, b-카세인, c-카세인, κ-카세인이 있는데 소수성인 a-카세인, b-카세인은 내부에 존재하고 친수성인 κ-카세인은 외부에 존재하여 안정적인 미셀구조를 이루고 있다. 그러나 κ-카세인이 레닌에 의해 가수분해되면 para-κ-카세인을 생성하며, 미셀을 불안정하게 함으로써 응고하게 된다. 이러한 원리를 이용하여 다른 단백분해효소로도 우유의 응고물을 만들 수 있다.

레닌이 작용하는 온도범위는 비교적 광범위하여 10~15°C에서부터 60~65°C까지 작용하나, 가장 적당한 온도는 40~42°C이다. 반응속도는 온도에 따라 차이가 나서 낮은 온도에서는 반응이 느리게 일어나지만 부드러운 응고물이 만들어지는 반면, 높은 온도에서는 반응이 급속히 일어나면서 단단한 응고물을 만든다.

산에 의한 응고와는 달리, 레닌에 의한 응고는 카세인에 결합된 칼슘이 유청으로 분리되지 않고 카세인에 그대로 붙어 있으므로 레닌에 의해 만들어진 응고물(체더 치즈 등)은 칼슘을 많이 함유하고 있다.

〈목적〉

여러 가지 단백분해효소에 의한 카세인의 응고현상을 이해한다.

〈재료 및 분량〉

우유 200mL, 탈지 우유 200mL, 레닌 1g, 키위 즙 2큰술

〈기구 및 기기〉

250mL 비커 4개, 체, 면포, 200mL 메스실린더, 전자 저울, 항온수조, 일반 조리 기구

〈방법〉

(1) 우유 100mL를 비커에 담아 45°C 항온수조에 넣은 뒤에 따뜻해지면 레닌 용액 1큰술(미지근한 물 1큰술+레닌 0.5g)을 잘 섞는다.

(2) 항온수조에서 20분 정도 방치한 후 응고물이 단단해지면 저어서 잘게 한다.

(3) 다시 유청이 분리될 때까지 항온수조에서 20분 정도 방치한다.

(4) 응고된 우유를 면포를 깐 체에 부어 유청과 응고물을 분리한다.

주의

무거운 것을 올려두어 물이 잘 빠지도록 한다.

(5) 유청의 양을 메스실린더로 측정하고 아래의 식을 이용하여 커드 생성률을 계산한다.

커드(%) = (우유의 양−유청의 양)×100/우유의 양

주의

유청의 양은 분리된 유청의 양에서 첨가된 레닌 용액, 키위 즙의 양을 제하고 계산한다.

(6) 체에 남은 응고물과 유청의 색이나 질감 등에 대해 관능평가한다.

(7) 아래의 조건으로 반복하여 실험한다.

A: 우유 100mL에 레닌 용액 1큰술을 첨가한다.

B: 우유 100mL에 키위 즙 1큰술을 첨가한다.

C: 탈지우유 100mL에 레닌 용액 1큰술을 첨가한다.

D: 탈지우유 100mL에 키위 즙 1큰술을 첨가한다.

주의

키위 즙은 키위를 간 뒤에 면포로 걸러서 사용한다.

플로차트(Flow chart : 흐름도)

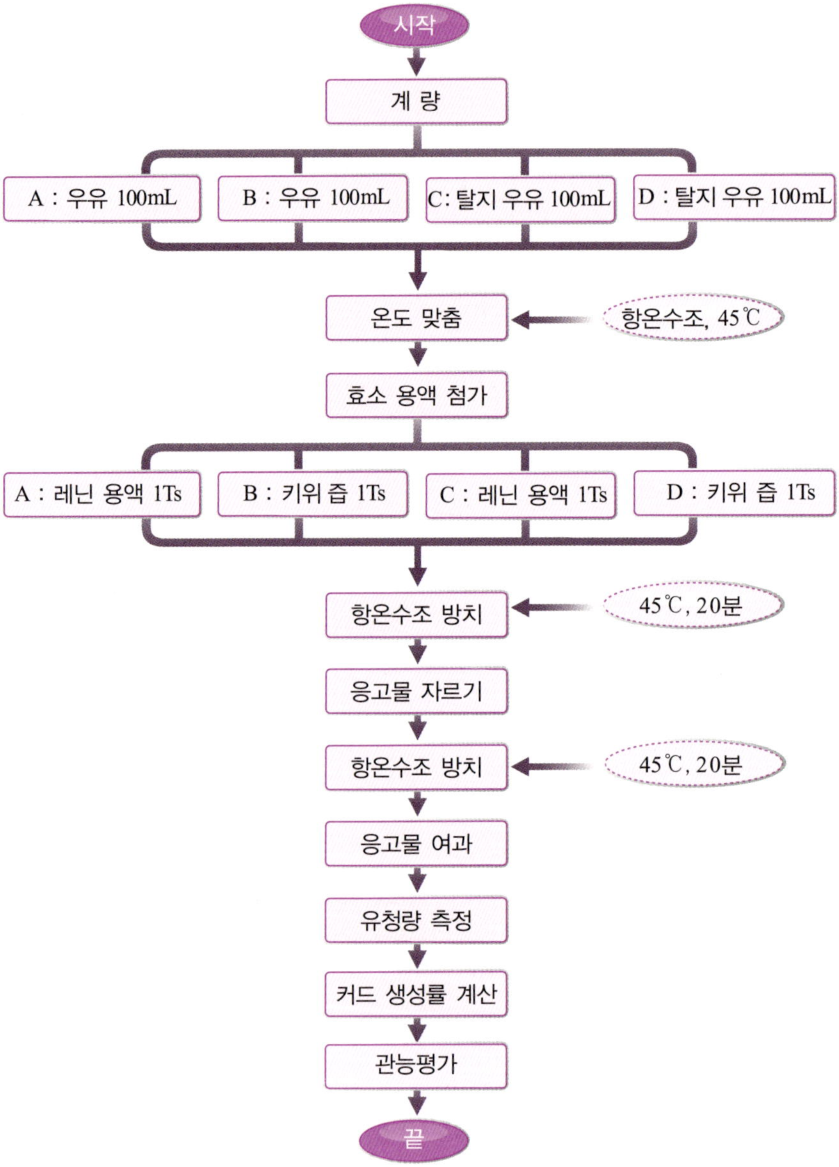

〈결과〉

구분	조건	유청(mL)	커드(%)	관능평가	
				응고물의 질감	유청의 상태
A	우유+레닌 용액				
B	우유+키위 즙				
C	탈지 우유+레닌 용액				
D	탈지 우유+키위 즙				

〈문제〉

(1) 효소에 의한 우유의 응고원리는 무엇인가?

(2) 우유와 탈지 우유의 응고물에 나타난 차이는 무엇 때문인가?

(3) 본 실험에 사용된 레닌이나 키위에 있는 효소 외에 사용할 수 있는 효소는 무엇이 있는가?

실험 15 물의 온도 및 가열시간에 따른 달걀의 응고특성 비교

달걀을 가열하면 변성에 의해 응고되면서 유동성을 가진 졸(Sol) 상태가 반고체의 흐르지 않는 겔(Gel) 상태로 되는데 이런 열응고성은 달걀의 부위에 따라 다르다. 난백은 60°C 부근에서 응고를 시작하여 65°C에서 완전히 응고하며, 난황은 65°C 부근에서 응고를 시작하여 70°C에서 완전히 응고된다.

달걀의 열응고성은 가열온도와 시간에 의해서도 영향을 받는다. 즉, 낮은 온도에서 서서히 가열하면 부드럽고 연한 질감을 나타내지만 응고에 소요되는 시간은 긴 반면, 고온에서 빨리 가열하면 수축하여 단단하고 질겨지며 기공이 생기기 쉽다. 고온에서는 가열시간이 단축되므로 달걀을 완전히 응고시키는 데 70°C에서는 약 90분, 85~90°C에서는 25~35분, 98~100°C에서는 12분 정도 소요된다.

달걀을 삶을 때 15분 이상 가열하면 난황 주위가 암녹색으로 변색된다. 이 현상은 달걀을 가열하게 되면 껍질부위부터 열이 전달되면서 난백에서 생성된 황화수소가 압력이 낮은 중심부로 이동하여 난황에 있는 철과 결합함으로써 불용성의 황화제1철(FeS)이 생성되었기 때문이다. 신선도가 떨어진 달걀에서는 이 현상이 더 잘 일어나므로 녹변현상을 방지하려면 신선한 달걀을 사용하여, 너무 오래 가열하지 않고, 삶은 달걀을 찬물에 즉시 담근다.

〈목적〉

가열온도와 가열시간을 달리하여 삶은 달걀의 특성을 이해한다.

〈재료 및 분량〉

달걀 6개

〈기구 및 기기〉

온도계, 타이머, 일반 조리기구

〈방법〉

(1) 냄비에 달걀을 넣고 잠길 정도로 물을 부은 후에 달걀을 굴려 가면서 아래의 조건으로 가열 · 냉각한다.

A : 80°C에서 30분 가열한 후 찬물에서 급속 냉각한다.

B : 80°C에서 30분 가열한 후 실온에서 완만 냉각한다.

C : 끓는 물에서 10분 가열한 후 찬물에서 급속 냉각한다.

D : 끓는 물에서 10분 가열한 후 실온에서 완만 냉각한다.

E : 끓는 물에서 20분 가열한 후 찬물에서 급속 냉각한다.

F : 끓는 물에서 20분 가열한 후 실온에서 완만 냉각한다.

(2) 삶은 달걀의 껍질을 벗기고 응고상태, 변색여부를 비교한다.

플로차트(Flow chart : 흐름도)

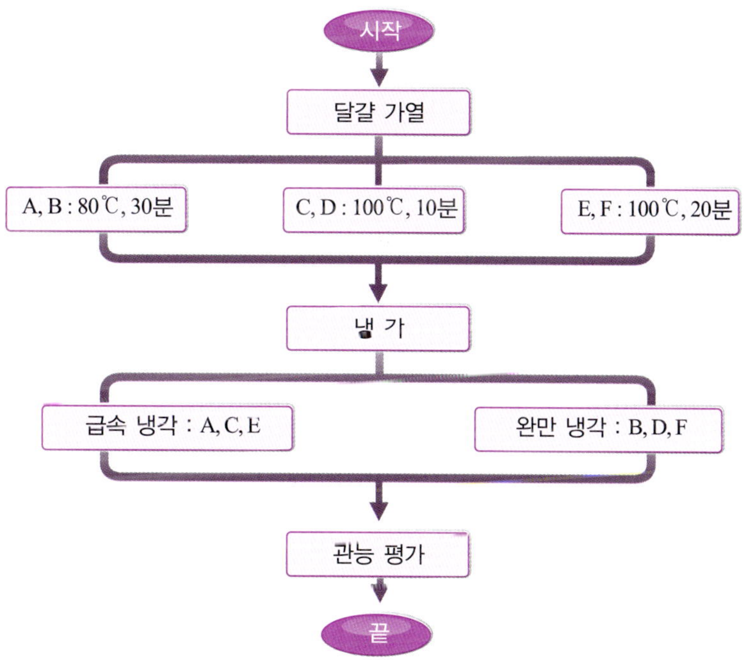

〈결과〉

구분	조건	난황의 응고 상태	난백의 응고 상태	변색 여부	껍질이 벗겨지는 정도
A	80°C, 30분 가열, 급속 냉각				
B	80°C, 30분 가열, 완만 냉각				
C	100°C, 10분 가열, 급속 냉각				
D	100°C, 10분 가열, 완만 냉각				
E	100°C, 20분 가열, 급속 냉각				
F	100°C, 20분 가열, 완만 냉각				

〈문제〉

(1) 물의 온도가 낮을 때에 질감이 부드러워지는 이유는 무엇인가?

(2) 10분 가열 후 냉각 방법에 따라 변색의 정도가 달라지는 이유는 무엇인가?

(3) 20분 가열 후 냉각 방법과 상관없이 두 가지 조건에서 모두 변색이 나타나는 이유는 무엇인가?

실험 16 첨가물질에 따른 젤라틴의 응고특성 비교

젤라틴은 동물의 가죽, 힘줄, 연골 등에서 얻게되는 콜라겐을 60°C 정도의 따뜻한 물로 가수분해하여 얻게되는 유도단백질의 일종이다. 젤라틴은 적당한 탄력성과 매끈한 맛을 지니고 있어 식품산업에서 유화제 · 겔화제 · 안정제 등뿐만 아니라 젤리 · 초콜릿 · 껌 등에 폭넓게 이용되고 있다.

젤라틴은 찬물에서는 흡수만 하지만 따뜻한 물에서는 녹아서 졸(sol)이 되고 2~4% 이상의 농도에서는 식혔을 때 탄성이 있는 겔(gel)이 되며 이 응고성을 이용하여 서양의 젤리나 한식의 족편 등으로 이용되고 있다.

젤라틴은 설탕, 산, 효소, 소금 등의 첨가물에 의해 영향을 받는다. 설탕은 첨가량이 증가할수록 겔 강도를 감소시켜 부드러운 젤리를 형성하는데 이는 설탕이 젤라틴 분자가 단단한 망상구조를 만드는 것을 방해하기 때문이다. 설탕의 첨가정도는 20~25%가 적당하다. 과일즙이나 식초 등의 산은 소량일 때는 응고물을 부드럽게 하지만, 많은 양을 사용하면 응고되지 않으므로 주의하여야 한다. 신맛이 강한 과즙을 첨가할 경우에는 젤라틴 액과 함께 가열하기보다는 젤라틴 액을 가열하여 식힌 다음에 과즙을 혼합하는 것이 산에 의한 젤라틴의 가수분해를 방지할 수 있다.

단백질 분해효소는 불완전 단백질인 젤라틴을 분해하여, 겔화되는 능력을 저하시킨다. 젤라틴 젤리의 세소에 파인애플 과즙이나 키위 과즙 등을 첨가해야 할 때는 이들 과즙에 함유된 단백질 분해효소가 젤라틴의 겔화 능력을 방해하지 못하도록 통조림을 사용하거나 과즙을 미리 가열하여 효소를 불활성화 한 후에 사용하는 것이 좋다. 소금은 물의 흡수를 막아서 겔의 강도를 높이므로 무기질 함량이 높은 물로 만드는 것이 더 좋다.

〈목적〉

여러 가지 첨가물이 젤라틴의 응고에 미치는 영향을 알아본다.

〈재료 및 분량〉

분말 젤라틴 25g, 키위 즙 30mL, 시판 파인애플 주스 30mL, 설탕 30g, 레몬 즙 30mL

〈기기 및 기구〉

200mL 비커 5개, 50mL 비커 5개, 50mL 메스실린더, 유리봉, 전자 저울, 일반 조리기구

〈방법〉

(1) 5개의 200mL 비커에 각각 분말 젤라틴 5g을 찬물 30mL에 섞어 10분 동안 불린다.

(2) 아래와 같은 양의 끓는 물을 부어 녹인 후에 첨가물을 넣어 섞는다.

A : 끓는 물 100mL

B : 끓는 물 70mL, 키위 즙 30mL

C : 끓는 물 70mL, 시판 파인애플 주스 30mL

D : 끓는 물 70mL, 설탕 30g

E : 끓는 물 70mL, 레몬 즙 30mL

주의

- 키위 즙, 레몬 즙은 과일을 간 뒤 면포에 걸러 사용한다.
- 키위 즙, 시판 파인애플 주스, 레몬 즙은 뜨거운 물을 넣고 식힌 후 첨가한다.

(3) 50mL 비커에 부어 식힌 후 냉장고에 넣어 굳힌다.

(4) 젤라틴 겔의 방수량을 메스실린더를 이용하여 측정하고 젤라틴 겔을 관능평가 한다.

참 고

- 판 젤라틴은 5배 정도의 물에 불린 후 건져서 물기를 빼고 중탕의 방법으로 녹인다.
- 판 젤라틴은 녹인 후 체에 걸러 사용하면 입자가 곱게 만들어진다.
- 젤라틴의 물 흡수량은 6~10배이다.

플로차트(Flow chart :흐름도)

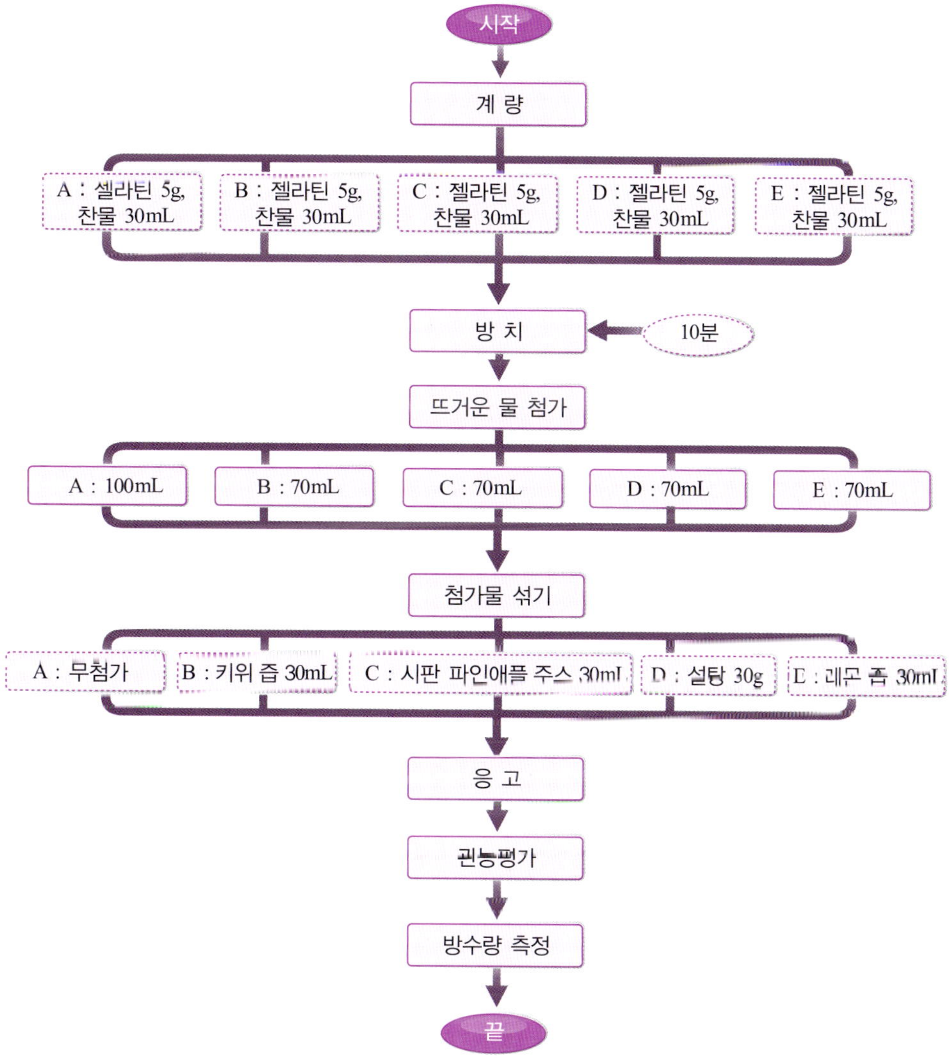

〈결과〉

구분	조건	방수량 (mL)	관능평가	
			질감 특성	기호도(순위)
A	무첨가			
B	키위 즙			
C	시판 파인애플 주스			
D	설탕			
E	레몬 즙			

〈문제〉

(1) 젤리 형성이 가장 잘된 것은 어떤 조건이며 그 이유는 무엇인가?

(2) 젤리 형성이 가장 안된 것은 어떤 조건이며 그 이유는 무엇인가?

(3) 젤라틴을 이용한 음식에는 어떤 것들이 있는가?

실험 17 첨가물에 따른 여러 채소의 색과 질감의 변화

클로로필

녹색채소에 함유된 클로로필은 조건에 따라 다양한 색변화를 보인다(그림 2-3). 특히 산을 첨가하거나 가열 시 채소에서 방출된 유기산으로 인해 클로로필이 페오피틴으로 바뀌기 때문에 갈색(또는 암갈색)으로 변한다. 클로로필의 변화는 녹색채소의 품질판정의 척도로 이용되고 있으므로 채소를 가열할 때 뚜껑을 열어 유기산을 휘발시키고 과량의 물을 사용하여 조리수의 산도를 희석하면 녹색유지에 도움이 된다.

또한 물에 소금을 약간 첨가하거나 삶은 후에 급랭시키는 것이 좋다. 녹색채소에 식소다를 첨가하여 pH를 알칼리로 만들면 녹색은 유지할 수 있으나 섬유소의 분해로 질감이 물러짐으로써 바람직하지 않게 된다.

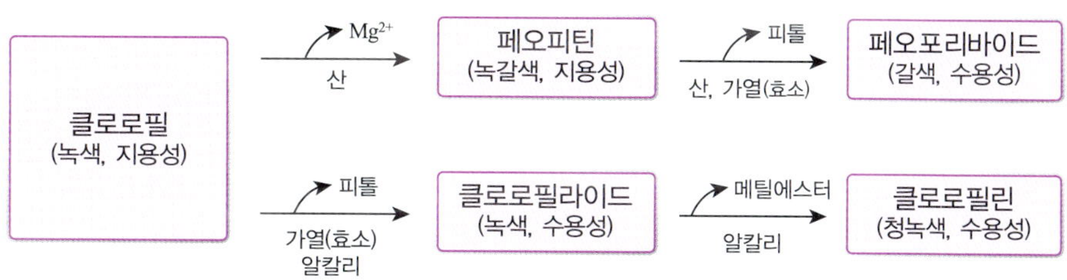

그림 2-3 클로로필의 색변화

카로티노이드

카로티노이드의 종류는 탄소와 수소만으로 구성되어 있는 카로틴과 탄소, 수소, 산소로 구성된 크산토필로 구분된다. 카로티노이드는 지용성 색소로, 열에 비교적 안정하며 산 및 알칼리에 영향을 받지 않으므로 조리과정 중에 성분의 손실이 거의 없다. 그러나 공기 중의 산소나 산화효소에 의해 쉽게 산화되고, 특히 햇빛에 의해 산화가 촉진되므로 주의한다.

안토잔틴

안토크산틴은 수용성 색소로 쌀, 밀가루, 연근, 양파 등에 함유된 흰색색소이다. 산에서는 안정하나 알칼리에 불안정하여 황색을 나타낸다.

안토시안

안토시안은 가지, 딸기, 앵두 등 과일과 채소에 함유된 수용성 색소이다. 산성에서는 적색, 중성에서는 보라색, 알카리성에서는 청색을 띤다. 또한 철과 같은 금속과 반응하면 청색이나 보라색으로 변한다.

〈목적〉

데치는 과정에서 일어나는 채소의 색소와 질감의 변화를 확인하고 변색을 최소화 할 수 있는 적절한 처리 방법에 대하여 알아본다.

〈재료 및 분량〉

적색양배추, 당근, 양파, 시금치 각각 80g(다듬은 것), 2% 식염수 800mL, 2% 식초용액 800mL, 1% 중조수 800mL

〈기구 및 기기〉

500mL 비커 4개, 100mL 비커 16개, 석면망 4개, pH meter(또는 pH paper), 전자저울, 일반조리기구

〈방법〉

(1) 시료를 다듬고 씻은 후 물기를 제거하고 길이 3cm에 두께 3mm 정도의 크기로 썬다.

(2) 비커에 물 2%, 식염수 2%, 식초용액 1%, 중조수를 각각 200mL씩 넣는다.

(3) 각 조리수의 pH를 측정한다.

(4) 조리수가 끓으면 시료 20g을 넣고 2분 동안 가열한다.

(5) 가열이 끝난 후 건더기는 흰 접시에 담고, 조리수는 비커에 담아서 색과 질감의 변화를 비교한다.

플로차트(Flow chart : 흐름도)

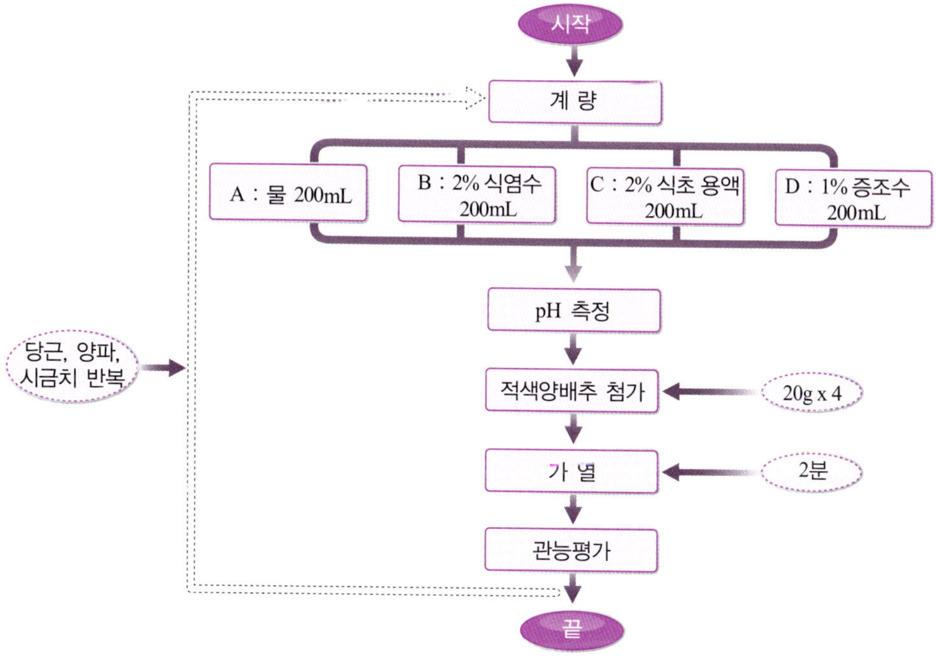

〈결과〉

구분	조건	pH	적색양배추		당근		양파		시금치	
			건더기	조리수	건더기	조리수	건더기	조리수	건더기	조리수
A	물									
B	2% 식염수									
C	2% 식초 용액									
D	1% 중조수									

〈문제〉

(1) 산, 중조에 의한 클로로필, 카로티노이드, 안토시안, 안토크산틴의 색변화를 설명하시오.

(2) 조리과정 중 색소의 변화를 최소화하는 방법을 설명하시오.

(3) 식초와 중조에 의한 질감의 변화를 설명하시오.

실험 18 첨가물에 따른 사과의 갈변 비교

식품에서 볼 수 있는 갈변반응은 크게 효소적 갈변반응과 비효소적 갈변반응으로 나뉜다.

- **효소적 갈변** : 과실이나 야채에 함유되어 있는 폴리페놀 성분이 산화효소의 작용에 의해 산화되고 중합하여 갈색물질이 생성되는 것
- **비효소적 갈변** : 효소의 관여없이 식품의 가공 및 저장과정 중에 일어나는 반응으로 마이야르 반응, 캐러멜화 반응, 아스코르브산 산화반응이 해당됨

효소적 갈변반응

과일이나 채소의 껍질을 벗기거나 잘랐을 때 혹은 상처가 났을 때 그 부위의 색이 갈색으로 변하는 것을 볼 수 있는데, 이러한 변화를 효소적 갈변반응이라고 한다. 효소적 갈변반응은 노출된 식물의 조직이 공기와 접촉되어 일어나는 산화현상으로, 페놀옥시다아제 혹은 폴리페놀옥시다아제라는 효소에 의해 일어난다.

효소적 갈변반응을 방지하기 위해서는 효소를 불활성화하거나 산소와의 접촉을 막거나 산화반응을 일으키는 기질을 제거하는 방법 등이 있는데, 세부적인 방법은 다음과 같다.

① **기질의 제거**
② **산화방지** : 비타민 C, 아황산소다 등의 환원 물질 첨가
③ **산소 접촉방지** : 진공포장이나 용액에 담금
④ **가열** : 단시간 가열처리로 효소 활성을 파괴
⑤ **염소이온의 이용** : 염소이온은 효소의 활성을 억제시켜 갈변을 감소시킴
⑥ **산성 환경 조성** : 폴리페놀옥시다아제의 최적 pH는 5.7~6.8이므로 pH 3 이하에서는 거의 작용하지 않기 때문에 껍질을 깎은 과일을 산성 용액, 즉 레몬즙이나 오렌지 즙 등에 담금

참고

효소는 Fe^{2+}, Cu^{2+}에 의해 활성화되므로 철제과도는 사용하지 않는다.

〈목적〉

사과의 갈변원리를 이해하고 여러 첨가물에 의한 효과를 확인함으로써 효소적 갈변현상의 방지법을 알아본다.

〈재료 및 분량〉

사과 1개, 10% 소금물 30mL, 2% 설탕물 30mL, 레몬 즙 30mL, 0.5% 아스코르브산 용액 30mL, 0.5% 철 용액 30mL

〈기구 및 기기〉

비커 100mL 6개, 계량 스푼, 강판, 일반 조리기구

〈방법〉

(1) 사과를 씻어 6등분 한 후 갈변을 막기 위해 랩(Wrap)으로 바로 싸둔다.

(2) 한 조각씩 가운데 씨를 제거하고 강판을 이용하여 사과를 간 후 100mL 비커에 넣는다.

주의
사과를 갈 때 껍질이 첨가되지 않도록 주의한다.

(3) 사과가 담겨 있는 각 비커에 10% 소금물, 2% 설탕물, 레몬 즙, 0.5% 아스코르브산 용액, 0.5% 철 용액을 30mL씩 첨가한다. 나머지 하나는 비교군으로 사용하기 위해 무첨가한 상태로 보관한다.

주의
사과의 크기에 따라 첨가용액의 양을 조절하여 사과가 잠길 수 있도록 한다.

(4) 10분, 20분, 30분 후의 각각 색의 변화를 관찰한다.

플로차트(Flow chart : 흐름도)

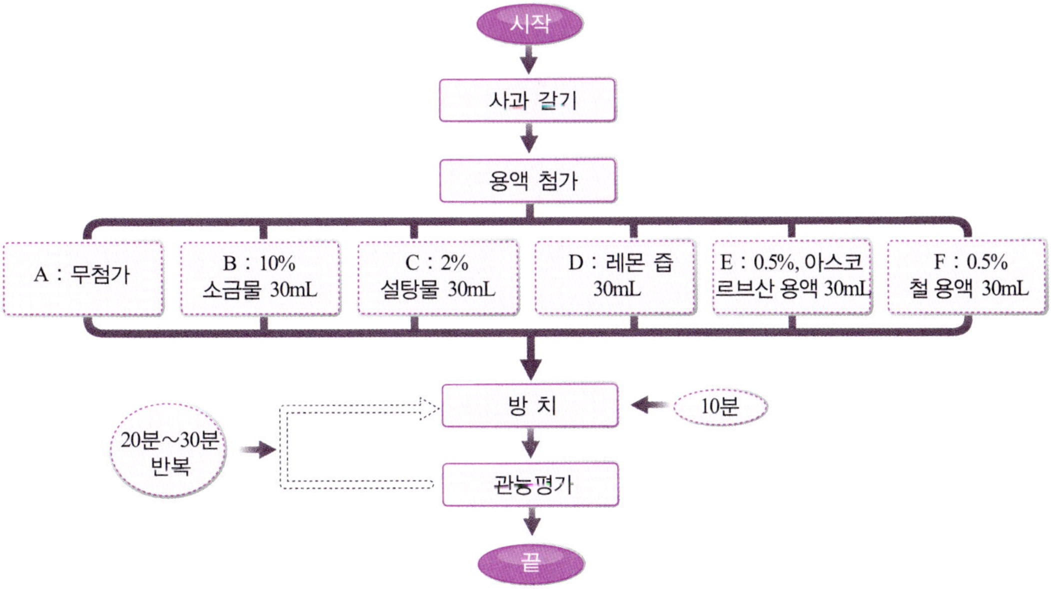

〈결과〉

구분	조건	10분	20분	30분
A	무첨가			
B	소금물			
C	설탕물			
D	레몬즙			
E	아스코르브산 용액			
F	철용액			

〈문제〉

(1) 갈변 억제효과가 가장 크게 나타난 것은 무엇이며 그 이유는 무엇인가?

(2) 설탕물보다 소금물의 갈변억제 효과가 더 큰 이유는 무엇인가?

(3) 실험조건 외에 적용할 수 있는 갈변억제방법으로는 무엇이 있는가?

Chapter 3
한국 조리

실험 1. 물의 양에 따른 밥의 품질 변화
2. 쌀알의 굵기에 따른 죽의 품질 비교
3. 조리방법을 달리한 장조림의 품질 비교
4. 조리기구에 따른 고등어구이의 품질 비교
5. 농도와 첨가물에 따른 달걀찜의 품질 비교
6. 재료의 분량을 달리한 초고추장의 품질 비교
7. 재료의 분량을 달리한 겨자집의 품질 비교
8. 멥쌀가루 첨가와 반죽 물의 온도에 따른 찹쌀경단의 품질 비교
9. 수분 및 설탕의 양에 따른 백설기의 품질 비교
10. 당면의 조리방법에 따른 잡채의 기호도 비교
11. 선분의 종류를 달리하여 만든 과편의 품질 비교
12. 한천농도를 달리한 팥양갱의 품질 특성 비교
13. 조리방법을 달리한 콩자반의 품질 비교
14. 가열조리 시 첨가물에 따른 두부의 품질 비교
15. 조리방법에 따른 육수의 품질 비교

실험 1 물의 양에 따른 밥의 품질 변화

쌀은 기원전 2,000년경에 중국으로부터 우리나라에 들어왔다. 쌀이 보급되기 이전에는 피 · 기장 · 조 · 보리 · 밀 등의 잡곡을 주식으로 했으나, 통일신라시대부터 벼의 생산량이 많아지면서 쌀이 우리 식생활에서 중요한 부분을 차지하기 시작하였다. 즉, 쌀이 들어오면서 분식(粉食) 중심에서 쌀밥 중심의 식생활로 전환하게 된 것이다. 쌀은 생산량이 많아지기 전까지는 귀족들이 주로 먹어 오던 귀한 식품이었고, 고려시대에는 물가의 기준이 되고 봉급의 대상으로 사용되기도 하였다.

쌀의 호화

쌀은 생전분이 물과 열에 의해 익은 전분인 밥으로 변하는 대표적인 호화현상이다. 호화현상은 열 에너지에 의해 물 분자의 운동 에너지가 커지면서 전분 분자 간의 수소결합을 끊고 그 속으로 침투되면서 일어나게 된다. 또 팽윤된 입자에서 아밀로오스 분자의 일부가 분해되어 유리되면서 점성이 증가하는데, 그 과정은 3단계로 설명할 수 있다.

- **첫째 단계** : 전분에 물을 첨가한 후에 가열하기 전의 상태로, 보통 20~30%의 물을 흡수한다. 외관상 큰 변화는 없으며, 이 흡수과정은 가역적 반응이다.
- **둘째 단계** : 가열이 이루어지는 것으로, 물의 흡수량이 급증하면서 급속한 팽윤이 일어난다. 흡수과정은 비가역적이어서 건조시키기 어렵다.
- **셋째 단계** : 온도가 계속 상승하여 전분이 호화온도에 도달하면 전분입자들은 붕괴되면서 아밀로오스와 아밀로펙틴 분자들이 빠져 나오고 전분현탁액은 콜로이드 용액으로 변하면서 호화가 완성된다.

쌀 씻기는 불순물을 제거하기 위한 목적이며 씻는 동안 약 10% 정도의 수분이 흡수된다. 그러나 씻는 과정에서 수용성 단백질, 비타민과 무기질 등이 일부 소실된다. 씻은 쌀에 미리 물을 흡수시키기 위한 목적으로 쌀을 불리는데 이것은 가열할 때에 중심부까지 물의 침투가 쉬워져서 쌀의 호화가 균일하게 이루어지도록 한다.

불리는 과정을 통해 일어나는 물의 흡수는 일정시간이 지나면 최대치에 도달하여 흡수가 중지되는데, 백미의 경우에 최대 흡수량은 약 20~30%이며, 물이 흡수되는 속도는 물의 온도에 비례한다. 밥을 짓기 위해서는 씻기 → 불리기 → 물 조절 → 가열 → 뜸 들이기의 단계로 이루어지는데, 맛있는 밥이란 적당한 물의 조절과 가열로 쌀 전분이 중심부까지 완전히 호화되어 수화가 적당하면서 쌀알의 형태를 유지하고 적당한 끈기를 가진 것을 말한다.

보통 맛있게 지어진 밥이란 무게가 2.2~2.4배로 증가한 것인데 맛있는 밥을 짓기 위해서는 쌀의 품질 못지않게 중요한 것이 물의 양이다. 쌀과 밥물의 비율은 쌀의 종류와 건조도에 따라서 가감이 된다. 보통 백미는 쌀 1에 물 1.2~1.4의 비율로 붓는 것이 좋다.

〈목적〉

밥을 짓는 데 사용되는 물의 양에 따른 무게의 변화와 경도, 점도, 맛에 대한 영향을 비교하여 가장 적절한 물의 양을 알아본다.

〈재료 및 분량〉

멥쌀 4컵

〈기기 및 기구〉

계량 컵, 타이머, 일반 조리기구

〈방법〉

(1) 밥이 완성 된 후의 무게 비교를 위하여 멥쌀 1컵의 무게를 미리 측정한다.

(2) 멥쌀 1컵을 3회 가볍게 씻은 후 바로 물기를 뺀 다음, 다음과 같은 조건으로 밥을 지은 후 밥이 될 때까지의 시간을 기록한다(단, 불의 강도와 냄비는 동일할 것).

A : 물 1.2컵을 넣어 불리지 않는다.

B : 물 1.2컵을 넣어 불린다(여름 : 60분, 겨울: 90분).

C : 물 1.5컵을 넣어 불리지 않는다.

D : 물 1.5컵을 넣어 불린다.

(3) 완성된 밥의 무게를 측정하고 밥알의 호화 정도와 점성 등을 비교한다.

참고

- 물의 양은 쌀의 건조도에 따라 다르다. 보통 햅쌀은 적게, 묵은쌀은 많이 필요하다.
- 전기밥솥이 아닌 냄비로 밥을 할 때는 처음에는 불을 세게 하여 끓어오르면 냄비 뚜껑을 열어 주걱으로 저어 준 뒤 뚜껑을 덮고 약불로 낮춘다. 다시 끓어오르면 주걱으로 한 번 더 저어 준 뒤 뚜껑을 덮고 12~14분 정도 끓인다. 또 다시 저어 준 후 뚜껑을 덮고 10분 정도 뜸을 들이면 실수하지 않고 완성할 수 있다.
- 압력솥에서는 센불로 시작하여 추가 울리면 2분간 그대로 두었다가 불을 끄고 김이 빠질 때까지 기다린 후 뚜껑을 연다.

플로차트(Flow chart : 흐름도)

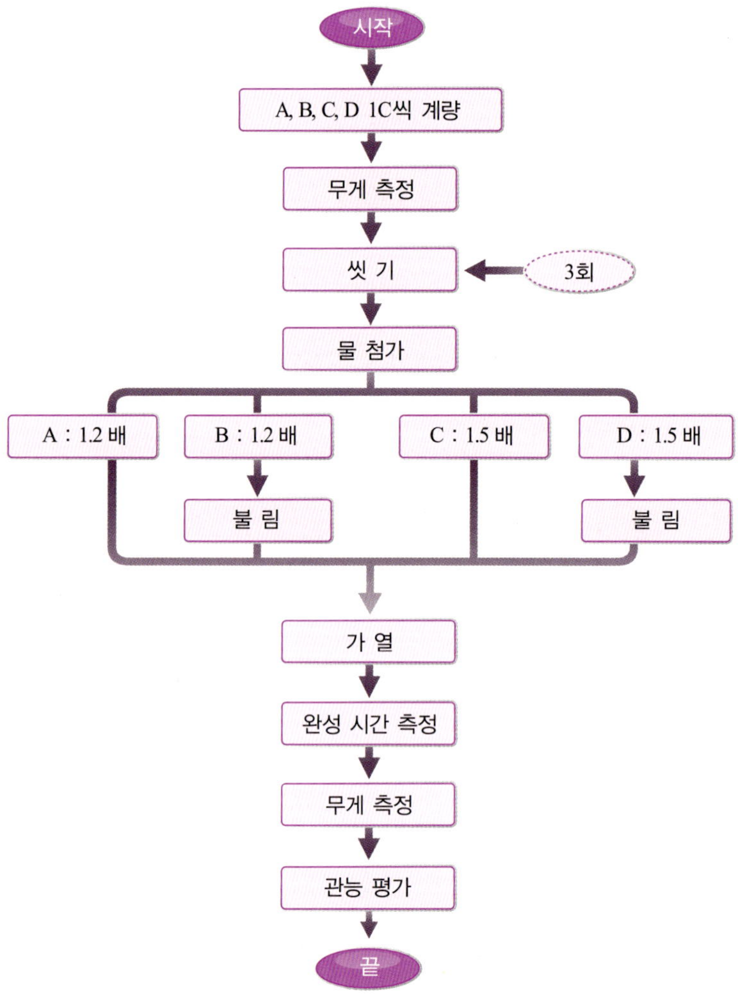

〈결과〉

구분	조건	완성시간	무게변화	관능 평가		
				부드러운 점성	점성	기호도
A	물 1.2C 불리지 않음					
B	물 1.2C 불림					
C	물 1.5C 불리지 않음					
D	물 1.5C 불림					

〈문제〉

(1) 밥 짓기에서 물에 의한 쌀의 팽화에 대하여 설명하시오.

(2) 쌀을 씻지 않고 바로 불렸을 때 나타나는 현상에 대하여 설명하시오.

(3) 쌀을 더운 물에서 불렸을 때의 장단점은 무엇인가?

(4) 전분의 호화에 영향을 주는 요소는 무엇인가?

실험 2 쌀알의 굵기에 따른 죽의 품질 비교

죽(粥)이란 곡류에 다량의 물을 첨가하고 오래 끓여서 녹말이 충분히 호화된, 소화되기 쉬운 상태의 음식을 이르는 말이다. 우리나라에서는 밥의 형태보다 죽의 형태가 먼저 이루어졌으며, 곡류에 다양한 식품재료를 혼합한 약 170여 종의 죽 요리가 조선시대의 문헌에 나온다.

죽의 장점

① 어려운 시절의 구황식으로 여러 사람이 나누어 먹을 수 있다.
② 몸이 허약한 노약자의 보양식으로 소화가 용이하여 원기를 북돋울 수 있다.
③ 기호성을 중시하는 별미식으로 식욕을 높인다.
④ 위에 부담을 줄일 수 있어 환자식 등으로 쓰인다.

쌀을 이용한 죽의 종류

① 옹근죽 : 쌀알의 형태를 그대로 보이게 쑨 것
② 원미죽 : 쌀알을 굵게 갈아서 쑨 것
③ 무리죽 : 쌀알을 곱게 갈아서 쑨 것
④ 쌀 암죽 : 백설기를 쪄서 말린 다음에 가루로 내어 쑨 것

죽을 맛있게 쑤려면 우선 곡물을 물에 담가 불림으로써 충분히 수분을 흡수시켜야 한다. 죽에 넣을 물은 계량하여 처음부터 함께 넣어 끓여야 하며, 부족한 물을 도중에 보충하면 죽 전체가 어우러지지 않으므로 피한다. 죽을 쑤는 용기는 서서히 오래 끓일 수 있도록 두꺼운 재질로 제작된 것을 선택한다.

불의 세기는 센 불에서 한 번 끓인 후에 반드시 약한 불로 은근히 끓여야 하며, 죽을 쑤는 동안에 너무 자주 젓지 않도록 하여 반드시 나무주걱을 사용한다. 간을 맞출 때는 완전히 죽이 쑤어진 후에 약한 간을 하는 것이 좋으며, 먹는 사람의 기호에 따라 먹을 때에 간을 하면 죽이 삭지 않는다.

《조선무쌍신식요리제법》에 의하면, 맛있는 흰죽은 늦게 거둔 쌀로 쑤는 것이 좋으며, 돌솥이나 무쇠솥을 쓰는 것이 좋고, 물은 단물이 좋으며 물이 나쁘면 색이 누렇고 맛이 제대로 나지 않는다고 하였다. 《임원경제지》에는 아침에 일어나 위가 허한 상태에서 죽을 먹으면 몸에도 좋고 부드럽고 매끄러워 소화가 잘 된다고 씌어 있다. 궁중에서는 아침 식사 전에 초조반이라 하여 죽을 올리는 풍습이 있었고, 일반 가정에서도 자릿조반이라고 하여 노인들에게 죽을 끓여드리는 풍습이 있었다.

〈목적〉

죽은 쌀알의 굵기, 불린 정도, 물의 양, 불의 세기 등에 영향을 많이 받는다. 그 중에서도 쌀알의 굵기가 조리시간과 맛에 어떤 영향을 미치는지 알아본다.

〈재료 및 분량〉

쌀 $1\frac{1}{2}$컵, 참기름 2큰술

〈기기 및 기구〉

계량 컵, 계량 스푼, 분쇄기 1개, 고운 체 1개, 나무주걱, 타이머, 일반 조리기구

〈방법〉

(1) 쌀은 $\frac{1}{2}$컵씩 계량하여 씻어 2시간 정도 불린 후 물기를 제거한다.

(2) 다음과 같이 시료를 준비한다.

A : 쌀 $\frac{1}{2}$컵, 물 3컵, 참기름 1작은술

B : 쌀(거칠게 간 것) $\frac{1}{2}$컵, 물 3컵, 참기름 1작은술

주의
거칠게 갈기는 쌀알이 반 정도로 부서진 것을 말한다.

C : 쌀(곱게 간 것) 1−2 컵, 물 3컵, 참기름 1작은술

주의
믹서에 쌀과 물을 넣고 곱게 간 다음에 체로 거른다.

(3) 두꺼운 냄비에 참기름을 두르고 A와 B의 쌀을 냄비에 각각 넣은 후 나무주걱으로 젓는다.

(4) 분량의 물을 각각 넣고, 끓으면 불을 줄여 은근한 불에서 끓이다가 밥알이 투명해지면 불을 끈다.

(5) C는 그대로 냄비에 부어 끓인 후 참기름은 죽이 완성된 다음에 넣는다.

(6) 조리시간을 측정한다.

(7) 관능평가를 한다.

참고

- 죽은 너무 많이 젓거나 오래 끓이면 삭아서 묽어지므로 주의한다.
- 죽은 보통 소금으로 간을 맞추는데 미리 넣으면 삭기 때문에 먹기 직전에 넣어 간을 맞추는 것이 좋다.
- 잣죽을 쑬 때는 쌀과 잣을 한데 섞어서 갈지 않도록 한다. 끓은 후에 분리되기 쉽고 죽을 삭게 하는 원인이 되기 때문이다.
- 죽 상차림에는 보통 장김치나 나박김치 등의 물김치류와 북어 보푸라기와 같은 마른 찬이 곁들여진다.

플로차트(Flow chart : 흐름도)

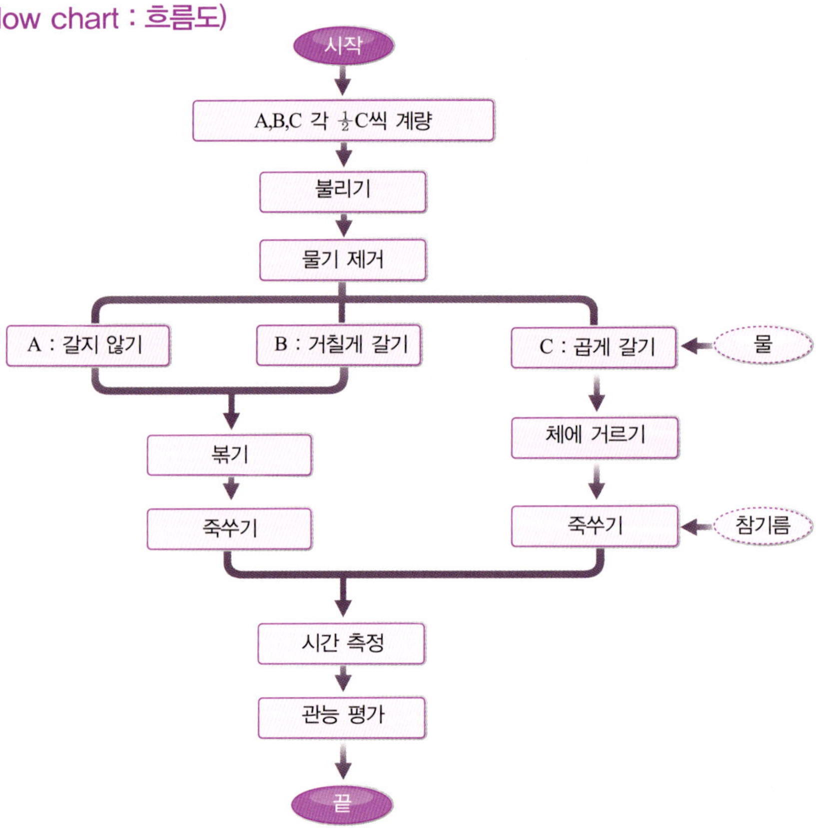

〈결과〉

구분	조건	조리 시간	관능 평가		
			질감	점도	기호도
A	쌀 $\frac{1}{2}$C 물 3C 참기름 1ts				
B	쌀(거칠게 간 것) $\frac{1}{2}$C 물 3C, 참기름 1ts				
C	쌀(곱게 간 것) $\frac{1}{2}$C 물 3C 참기름 1ts				

〈문제〉

(1) 쌀알의 굵기에 따른 적정한 물의 양은 얼마인가?

(2) 죽의 호화과정을 설명하시오.

(3) 무리죽의 종류와 특징을 설명하시오.

실험 3 조리방법을 달리한 장조림의 품질 비교

장조림의 유래는 옛날 중국의 침장법(沈藏法)에서 찾을 수 있으며 우리나라의 고서에서는 조선《세종실록》에 담해(醓醢)라는 것이 기록되어 있는데, 담해는 쇠고기를 잘게 썰어서 간장에 넣어 만든 것으로, 이것이 장조림이다.

습열 조리의 종류

① 조미를 하지 않거나 약간의 조미를 하는 것 : 편육과 수육 등이 해당된다. 이때는 끓는 물에 고기를 넣어 익힘으로써 열에 의해 고기의 표면단백질을 응고시켜 육즙이 물에 용출되는 것을 가능한 한 적게 한다.

② 적당한 조미를 하는 것 : 장조림 등이 있다. 장조림은 소량의 물을 사용하여 고기가 연해질 때까지 익힌 다음에 간장 등의 양념을 넣어 간이 배도록 하는 것이다.

장조림을 만들 때 간장을 처음부터 넣고 가열하면 끓을수록 염분이 농축되어 염도가 높아짐으로써 삼투압 또한 높아지게 된다. 콜라겐이 젤라틴화되기 전에 높은 삼투압으로 근육세포의 수분이 탈수되면 근육단백질이 단단해져서 찢어지지 않는다.

쇠고기는 맛과 영양이 좋아 우리나라 사람들이 특히 선호하는 식품이지만 가격이 비싼 단점이 있다.

좋은 쇠고기 선택법

① 냉동육보다 냉장육을 선택하는 것이 좋다. 고기가 냉동과 해동과정을 거치면서 근육 손상이 일어나고 그로 인해 조직 내의 영양분이 손실되기 때문이다.

② 진열된 쇠고기를 구입할 때는 전면에 설치된 "식육판매표시판"을 확인하는 것이 좋다. 식육판매표시판에는 해당 고기의 품질관련 정보(부위명, 등급, 용도, 100g당 가격, 원산지 등)가 기재되어 있기 때문이다.

③ 근내 지방이 많은 것, 육색은 선홍색, 지방색은 유백색을 띠면서 선명하고 윤이 나는 것이 좋다.

④ 고기의 표면이 말라 있지 않고, 촉촉하며, 탄력성이 있고, 육즙이 새어 나오지 않은 것을 선택한다.

쇠고기는 양질의 단백질과 철분이 풍부하고 지방, 무기질, 비타민 등의 공급원으로서 가치가 높은 식품이다. 한방에서는 '쇠고기가 비혈(脾血)을 보호하고 기혈(氣血)을 도우며, 근골을 튼튼하게 해 준다' 라고 적고 있으며 특히 태음인에게 좋다. 쇠고기는 인의 함량이 많은 산성 식품이므로 깻잎 등 알칼리성 식품인 채소와 함께 먹는 것이 좋다.

〈목적〉

쇠고기 장조림에서 조리 순서가 고기의 육질에 미치는 영향을 알아본다.

〈재료 및 분량〉

쇠고기(홍두깨살 또는 우둔살) 600g, 간장 18큰술, 설탕 9큰술

〈기기 및 기구〉

계량 스푼, 타이머, 전자 저울, 일반 조리기구

〈방법〉

(1) 쇠고기는 핏물을 빼고 물기를 제거한다.

(2) 쇠고기를 3×3×3cm의 크기로 썬 다음 200g씩 나눈다.

(3) A : 물 3컵, 쇠고기 200g, 간장 6큰술, 설탕 3큰술을 넣고 끓기 시작하면 5분간 삶은 다음에 약한 불에서 15분 동안 조린다.

B : 끓는 물 3컵, 쇠고기 200g을 5분 동안 삶은 다음 간장 6큰술, 설탕 3큰술을 넣고 15분 동안 조린다.

C : 물 3컵에 간장 6큰술, 설탕 3큰술을 넣고 끓인 후 쇠고기 200g을 넣고 5분간 삶은 다음 15분 동안 조린다.

(4) 관능 평가를 한다.

참고

- 잘 조리된 장조림은 쉽게 찢어지며 찢었을 때 근섬유가 수축하여 꼬불꼬불하게 몇 가닥으로 분리된다.
- 장조림은 주로 쇠고기를 이용하는 데 여기에 사용되는 부위는 섬유가 길고 결합조직이나 근내 지방의 함량이 적은 우둔살, 대접살, 사태, 홍두깨살 등이 좋다.

플로차트(Flow chart : 흐름도)

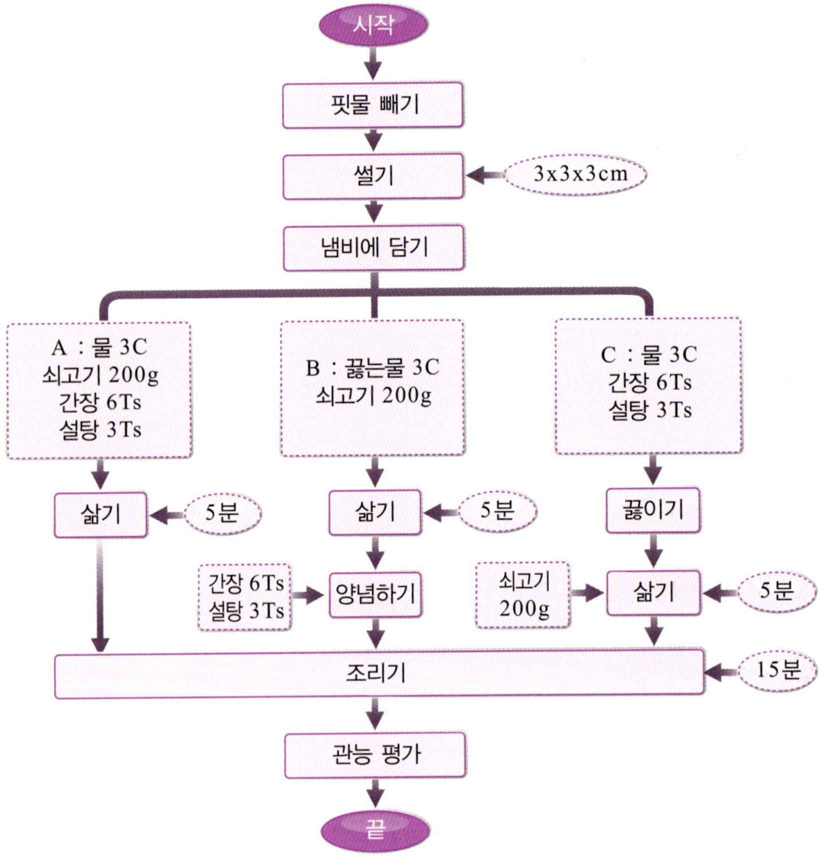

〈결과〉

구분	조건	질긴 정도	색	윤기	맛	기호도(순위)
A	찬물 + 쇠고기 + 양념 → 삶기 → 조리기					
B	끓는 물 + 쇠고기 → 삶기 → 양념 → 조리기					
C	찬물 + 양념 → 끓이기 → 쇠고기 → 조리기					

〈문제〉

(1) 끓는 물에 쇠고기를 넣어 삶았을 때와 찬물에 넣고 삶았을 때의 차이점은 무엇인가?

(2) 조미순서가 쇠고기의 육질에 미친 영향을 설명하시오.

(3) A, B, C의 3가지 방법 중에서 가장 적합한 방법은 무엇인가?

실험 4 조리기구에 따른 고등어구이의 품질 비교

가격이 비싸지 않으면서도 영양이 풍부해 식탁에 자주 오르는 고등어는 옛 문헌인 《자산어보》에 벽문어(碧紋魚), 고등어(皐登魚)로, 《동국여지승람》에는 고등어의 모습이 칼을 닮았다 하여 고도어(古刀魚)라고 소개하며, 《재물보》에 고도어(古道魚), 《경상도 속한지리지》에 고도어(古都魚) 등으로 기록되어 있으나 등이 둥근 모습을 상징하는 고등어(古登魚)로 불려 왔다.

꽁치 또는 정어리와 함께 등 푸른 생선의 대표인 고등어에는 "가을 고등어와 배는 며느리에게 주지 않는다"는 속담이 있다. 가을 고등어는 지방이 20%가 넘는 것도 있으며 다른 계절에 잡힌 것보다 특히 감칠맛이 뛰어나기 때문이다. 등보다 배쪽의 지방 함량이 높아 맛이 더 좋다.

고등어는 낚아 올리는 순간부터 상하기 시작하므로 신선도에 주의해야 한다. 선도가 떨어지면 히스타민이 생성되어 알레르기를 유발한다.

국내 최고(最古)의 어류학서인 자산어보(玆山魚譜)에 의하면 "고등어는 간과 신장 기능을 도와준다"라고 기록되어 있다. 또 나쁜 콜레스테롤인 LDL(저밀도 지단백)과 중성지방을 줄이고 좋은 콜레스테롤인 HDL(고밀도 지단백)을 증가시키는 에이코사펜타에노산(EPA, eicosapentaenoic acid)과 도코사헥사에노산(DHA, docosahexaenoic acid)이 풍부하여 혈관을 깨끗하게 해 준다.

뇌세포 활성 물질인 DHA는 어린이, 수험생, 노약자 등에게 반드시 필요한 식품 중의 하나이다. 불포화 지방산인 DHA와 EPA는 고지혈증, 뇌경색 예방, 치매, 천식, 아토피성 피부염, 동맥경화, 암 예방에 효과가 있으며 시력도 좋게 한다. EPA와 DHA도 산화되면 암과 노화를 일으키는 과산화지방으로 변하지만 고등어에는 지방의 산화를 막는 항(抗)산화제인 비타민 E도 풍부하다. 고등어의 붉은 살 부분에는 철분과 EPA가 특히 많다.

굽기는 인류가 불을 이용하면서부터 제일 먼저 사용한 조리법으로 그릇이 필요한 조리법보다 먼저 발달한 방법이다. 굽기에는 꼬챙이에 꿰거나 석쇠를 이용한

직화구이인 '적'과 꼬챙이를 쓰지 않고 철판이나 돌 위에 놓고 굽는 간접구이로 나눌 수 있다. 굽기는 가열에 의해 표면의 단백질이 빨리 응고되면서 액즙의 유출을 막음으로써 식품 본래의 맛을 유지할 수 있다는 것이 장점이다.

〈목적〉

여러 가지 굽는 방법에 따라 고등어의 무게와 맛의 변화를 조사하고 가장 맛있는 조리법을 알아본다.

〈재료 및 분량〉

고등어(가식부) 200g, 식용유

〈기구 및 기기〉

석쇠, 팬, 그릴, 전자 저울, 일반 조리기구

〈방법〉

(1) 고등어는 깨끗이 씻어 뼈를 제거하고 물기를 뺀 다음 50g(한 토막)씩 자른다.

(2) 다음과 같은 방법으로 고등어를 중간 불에서 5분 동안 뒤집어 가면서 굽는다.

A : 석쇠에 기름을 칠하고 불에 달군 후 굽는다.

B : 팬에 식용유를 두르고 달군 후 굽는다.

C : 예열된 그릴에서 175°C로 굽는다.

(3) 각 시료의 무게를 측정한다.

(4) 관능평가를 한다.

참고

- 고등어에 밀가루를 묻혀 구우면 껍질도 바삭하고 밀가루가 물기를 흡수해 기름이 튀지 않는다.
- 생선을 소금으로 절여서 저장해 두고 쓰는 것을 자반이라고 하는데 고등어자반은 옛날 바다가 멀었던 안동지방에서 발달했던 저장법이다.
- 고등어자반의 짠맛을 뺄 때는 세 번째 씻은 쌀뜨물에 20~30분 정도 담가 놓으면 염분이 어느 정도 제거되고 비린내도 줄일 수 있다.

플로차트(Flow chart : 흐름도)

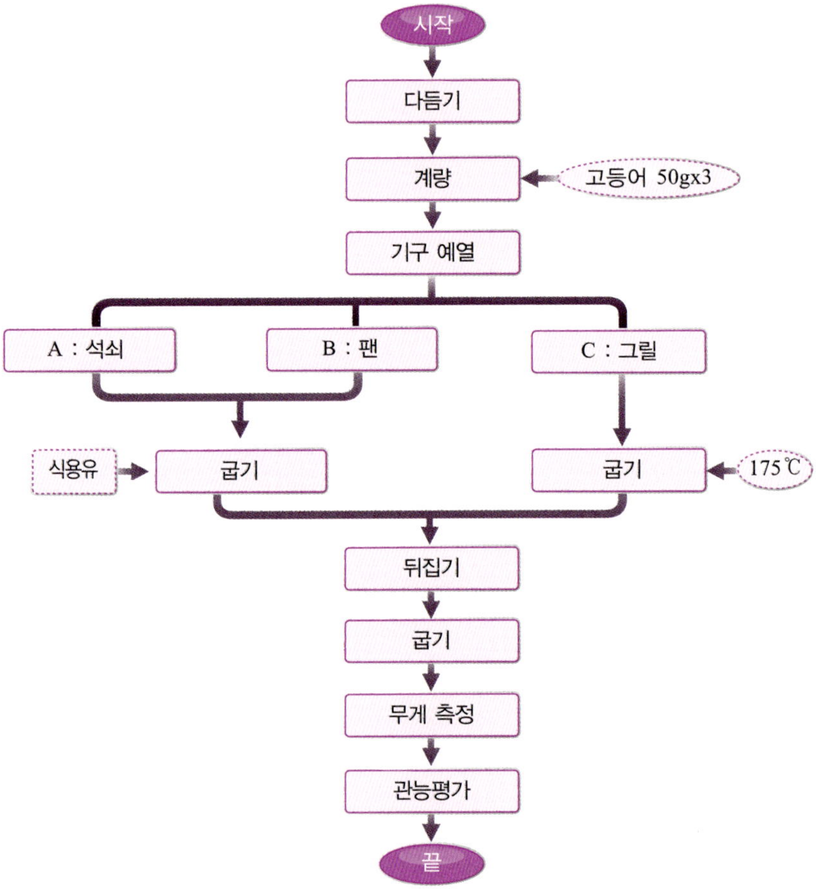

〈결과 및 고찰〉

구분	조건	무게변화	관능평가			
			맛	윤기	맛	기호도(순위)
A	석쇠					
B	팬					
C	그릴					

〈문제〉

(1) 석쇠나 팬에 생선살이 달라붙는 이유와 예방법을 설명하시오.

(2) 생선구이를 할 때 껍질과 살 중에서 어느 쪽을 먼저 구워야 하는가? 또 그 이유는 무엇인가?

(3) 그릴 요리의 특징을 설명하시오.

실험 5 농도와 첨가물에 따른 달걀찜의 품질 비교

달걀은 가열에 의하여 응고되는데 난백의 경우는 58°C 부근에서 응고가 시작되어 70°C에서 응고가 이루어지며 단단한 질감으로 응고하려면 80°C가 필요하다. 난황의 경우 65~70°C에서 완전히 응고가 일어난다. 달걀 단백질이 열에 의하여 응고하는 것은 열 에너지에 의해 단백질 분자 내에서 폴리펩티드 사슬이 다른 폴리펩티드 사슬과 결합하는 등 재배열이 일어나서 단단해지기 때문이다.

달걀은 가열에 의해 응고되어 음식을 걸쭉하게 만드는 성질을 이용하여 달걀찜, 소스, 커스터드, 푸딩과 같이 음식에서 농후제로 이용된다.

달걀찜은 달걀의 기능성 중 열응고성을 이용한 음식으로 열응고성에 영향을 미치는 요인은 다음과 같다.

① **온도** : 낮은 온도에서 서서히 가열하면 부드럽고 연한 질감을 보이지만 응고에 소요되는 시간은 길어진다. 반대로 고온에서 가열하면 수축하여 단단하고 질겨지며 기공이 생기기 쉽지만, 가열시간은 단축된다.

② **농도** : 달걀이 많이 희석될수록 응고정도가 감소하여 응고온도는 높아지고 질감은 부드러워진다.

③ **산** : 산은 달걀 액의 초기 응고온도를 낮추어 주며, 산의 첨가로 인하여 달걀 단백질의 등전점 부근이 된다면 응고성은 최대가 된다.

④ **소금** : 염은 물속에서 해리되어 반대의 이온을 흡착하여 전기적으로 중화시켜 줌으로써 응고를 쉽게 해준다. 소금을 비롯한 염류는 달걀 응고물을 단단하게 만들어 주며 염류의 이온가가 클수록 이와 같은 경향은 커진다.

⑤ **우유** : 달걀액에 우유를 넣으면 우유 중의 칼슘 이온에 의해 응고가 촉진되어 단단한 겔이 형성된다.

⑥ **설탕** : 설탕은 첨가량에 비례하여 응고온도를 높여주며, 이때 형성된 응고물은 연하고 기공이 적으며 매끄럽다. 그러나 지나치게 많이 넣으면 응고가 잘 되지 않는데, 그것은 단백질 분자가 가열에 의해 풀리는 것을 설탕이 억제하기 때문이다.

〈목적〉

달걀액의 농도와 첨가물이 달걀찜의 응고 상태에 미치는 영향에 대하여 알아본다.

〈재료 및 분량〉

달걀(가식부) 200g , 소금 4g , 우유 25g , 설탕 15g

〈기구 및 기기〉

200mL 비커 4개, 찜기, 타이머, 전자 저울, 일반 조리기구

〈방법〉

(1) 달걀 흰자와 노른자를 잘 풀어 섞는다.

(2) 달걀에 다음과 같이 비율대로 잘 섞어서 비커에 담는다.

A : 달걀 50g, 소금1g, 물 50g

B : 달걀 50g, 소금1g, 물 25g

C : 달걀 50g, 소금1g, 우유 25g

D : 달걀 50g, 소금1g, 물 25g, 설탕 15g

(3) 찜기에 김이 오르면 비커를 넣고 찐다.

주의

랩이나 알루미늄 포일로 뚜껑을 만들어 덮어 주면 잘 익는다.

(4) 달걀찜의 중앙을 젓가락으로 찔러 보아 달걀액이 묻어 나오지 않는 시간을 측정한다.

주의

젓가락으로 찔러 보아 달걀액이 묻어 나오지 않는 때를 응고시간으로 한다.

(5) 색과 자른 단면 상태, 응고물의 정도를 관찰하여 기록한다.

참고

- 소금을 첨가하면 난백단백질이 쉽게 용해되므로 소금을 넣어 달걀액을 만든다.
- 달걀이 균일하게 풀리지 않을 경우, 면포에 넣고 짜서 균일하게 만든다.

플로차트(Flow chart : 흐름도)

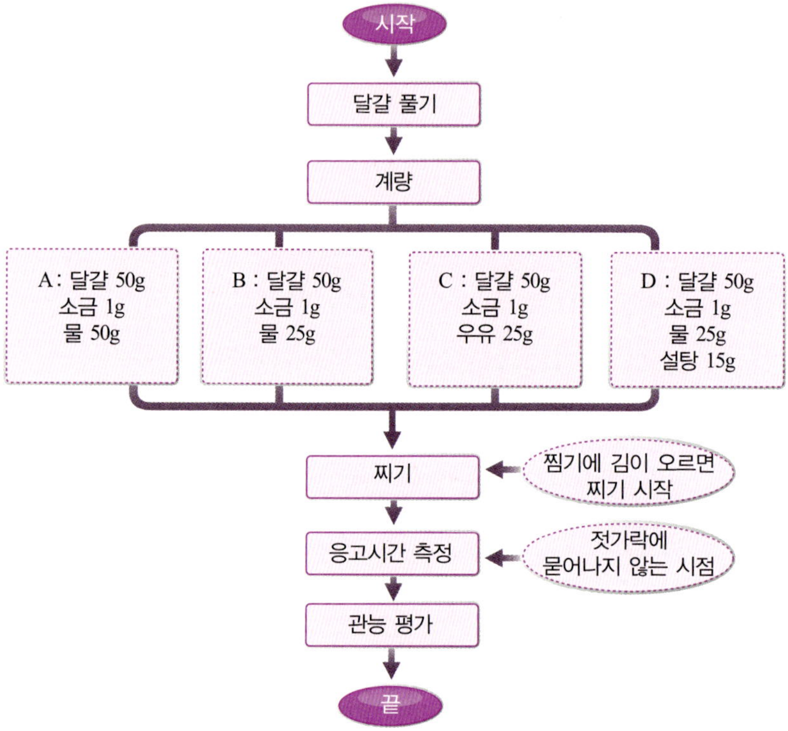

〈결과〉

구분	조건	응고시간	관능 평가		
			색	자른 단면의 상태	응고물의 경도
A	물 25g				
B	물 25g				
C	우유 25g				
D	물 25g, 설탕 15g 첨가				

〈문제〉

(1) 가장 부드러운 달걀찜은 어느 것이며 이유는 무엇인가?

(2) 물만 첨가한 달걀찜에 비하여 우유를 넣은 달걀찜은 질감이 어떻게 다르며 그 이유는 무엇인가?

(3) 물만 첨가한 달걀찜에 비하여 설탕을 첨가한 달걀찜은 질감이 어떻게 다르며 그 이유는 무엇인가?

실험 6 재료의 분량을 달리한 초고추장의 품질 비교

1700년대 후반부터 우리나라에서는 고추장을 담그기 시작하였다. 1800년대 초의 《규합총서》에는 순창고추장과 천안고추장이 명물로 소개되어 있고 《조선요리제법》과 《조선무쌍신식요리제법》에 고추장과 초고추장 만드는 법이 소개되어 있다.

우리나라의 각 가정에서 된장, 간장과 함께 담가 온 고추장의 원료로는 녹말, 메줏가루, 소금, 고춧가루, 물 등이 사용되어 왔다. 녹말로는 찹쌀가루, 멥쌀가루, 보릿가루, 밀가루 등을 이용했다. 그런데 그 중에서 찹쌀가루를 사용한 고추장이 가장 맛과 질이 좋다고 평가되고 있다. 고추장은 재료의 혼합비율과 숙성과정의 조건 등에 따라 그 맛이 달라진다.

고추장의 종류

① **재래식** : 재래식 메줏가루를 사용하면 당화 또는 단백질의 가수분해가 잘 이루어지지 않아서 맛이 잘 나지 않지만, 당화력과 단백질 분해력이 강한 국균으로 발효시킨 개량 메줏가루를 사용하면 훨씬 더 맛있는 고추장을 만들 수 있다.

② **개량식** : 엿기름가루에서 아밀로오스를 추출하여 그 물로 녹말을 반죽한 후 60°C 이하의 온도에서 당화시키고, 메줏가루와 고춧가루 및 소금 등을 넣어 버무리는 방법이다. 재래식보다 윤기가 나고 단맛이 더 강하여 좋은 반응을 보이고 있다.

③ **기타** : 재료에 납두균(納豆菌)을 첨가하여 60~65°C에서 추가 숙성시키는 방법과 밀이나 보리 등의 원료를 미리 곡류 고지분말로 만들고 여기에 콩고지, 고춧가루, 소금, 물 등을 적당한 비율로 혼합하여 2~3일 후에 바로 먹을 수 있게 만드는 방법도 있다.

우리 고유의 장인 고추장은 된장, 간장과 달리 매운맛을 내는 발효 조미료이다. 탄수화물이 가수분해되어 생긴 단맛과 콩 단백에서 오는 아미노산의 감칠맛, 고추의 매운맛, 소금의 짠맛이 잘 조화를 이루어 고추장 특유의 맛을 내는 조미료이면서 기호식품이다.

고추장은 그 자체로 여러 가지 요리에 사용될 뿐만 아니라, 초고추장 소스로도 이용되고 있다. 초고추장은 고추장 및 식초와 설탕을 주재료로 하여 만들어 매콤새콤한 맛이 특징이며 어패류 숙회나 미나리강회 등의 채소 숙회, 회, 회덮밥 등에 곁들인다.

〈목적〉

초고추장의 적절한 재료와 분량의 비율을 알아본다.

〈재료〉

고추장 6큰술, 식초 $2\frac{1}{2}$큰술, 설탕 $3\frac{1}{2}$큰술, 레몬 즙 1큰술

〈기기 및 기구〉

계량 스푼, 계량 컵, 일반 조리기구

〈방법〉

(1) 다음과 같은 비율로 시료를 만든다.

A : 고추장 2큰술, 식초 $1\frac{1}{2}$큰술, 설탕 $1\frac{1}{2}$큰술

B : 고추장 2큰술, 식초 1큰술, 설탕 1큰술

C : 고추장 2큰술, 레몬즙 1큰술, 설탕 1큰술

(2) 각 시료에 대해 관능검사를 실시하여 그 결과를 기록한다

참고

- 초고추장의 난맛과 농도는 사이다로 조절할 수 있다.
- 그 밖에 배즙과 참기름 및 간장을 섞어 넣기도 한다.
- 주재료 중의 하나인 설탕 대신에 꿀이나 물엿을 이용하면 맛이 부드러워지지만 단맛이 강해지는 단점이 있다.

플로차트(Flow chart : 흐름도)

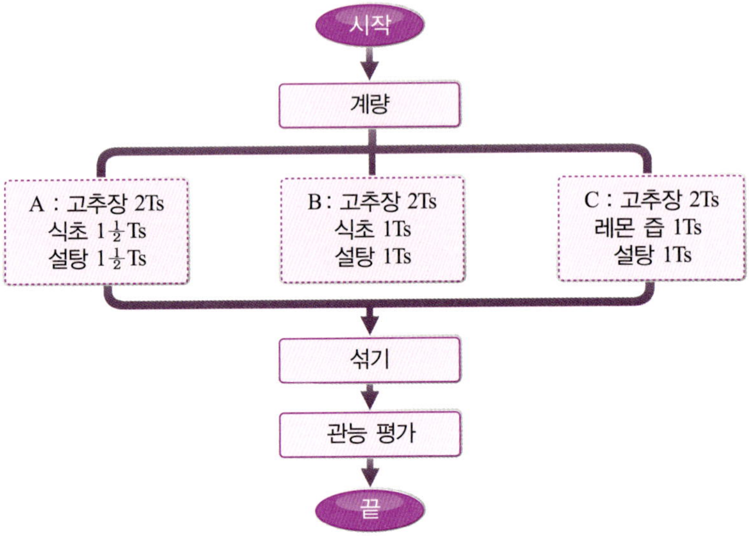

〈결과〉

구분	조건	농도	맛	기호도(순위)
A	고추장 2Ts 식초 $1\frac{1}{2}$Ts 설탕 $1\frac{1}{2}$Ts			
B	고추장 2Ts 식초 1Ts 설탕 1Ts			
C	고추장 2Ts 레몬 즙 1Ts 설탕 1Ts			

〈문제〉

(1) 고추장 만드는 방법을 설명하시오.

(2) 초고추장이 곁들여지는 음식의 종류는 무엇인가?

(3) 각 가정에서 만드는 초고추장의 비율을 알아보시오.

실험 7 재료의 분량을 달리한 겨자집의 품질 비교

온대지방에서 주로 재배되고 있는 겨자는 남부 유럽 및 아프리카 북부와 서아시아 일대가 원산지이다. 둥글고 작은 씨를 갈아서 물이나 육수로 개고 나서 따뜻한 곳에 두면 발효하는 과정에서 겨자 속에 들어 있는 시니그린(sinigrin)이 다른 세포 중의 미로시나아제(myrosinase)에 의하여 분해되어 자극적인 매운 맛을 내는 향신료이다. 겨자가 노란색을 띠는 것은 겨자 가루에 노란색 향신료인 강황(turmeric,薑黃, 姜黃, 鬱金)을 첨가해 식감을 높인 것이다.

겨자(mustard)는 중국을 통해 우리나라에 들어왔는데, 고추가 들어온 임진왜란 전까지 생강 · 마늘 · 산초와 함께 중요한 향신료로 사용되었다. 예전에는 겨자깍두기나 겨자전 등으로도 만들어 먹었지만 요즘은 냉면, 겨자채, 회 등에 주로 이용되는 향신료이다. 서양에서 머스터드는 스테이크나 소시지나 핫도그 등에 곁들여 먹고 있으며 샐러드드레싱이나 소스 등을 만들 때도 사용된다.

머스터드소스는 밀가루, 소금, 와인, 허브, 다른 향신료 등과 함께 겨자씨 가루를 섞어 만든 것이다. 홀 그레인 머스터드(wholegrain mustard)는 겨자씨를 거칠게 부수어 식초와 향신료 등을 첨가해 만든 것으로 부드러운 향과 알갱이가 살아 있는 것이 특징이다.

일본이 원산인 고추냉이는 뿌리를 갈아서 혹은 말려서 사용하는데 시니그린 성분이 미로시나아제에 의해서 가수분해가 되어 매운 맛을 낸다. 와사비에 풍부한 아밀라아제와 매운 맛 성분들은 식욕을 증진하여 소화를 촉진시키는 작용을 한다. 생선회 · 초밥 · 면류 · 어묵에 필수적이며, 유럽원산인 고추냉이는 와사비의 대용품으로 이용된다.

고추냉이의 뿌리는 연한 갈색을 띠는 푸른 껍질에 싸여 있는데 껍질을 벗기고 신선한 뿌리를 강판에 갈아서 쓰면 효소의 작용으로 톡 쏘는 자극적인 향과 매운맛이 강해진다. 그러나 간장을 섞으면 매운맛이 강하지 않고 부드러우며 향이 좋아 생선회에 곁들이기에 좋다. 고추냉이의 뿌리 부분은 연두색과 흰색인데 시판되고 있는 와사비가 푸른색인 것은 인공색소와 전분을 첨가하여 만들었기 때문이다.

와사비는 튜브에 든 페이스트 형태나 가루를 주로 사용하는데 페이스트는 가루보다 와사비 고유의 향을 빨리 잃어버린다. 가루 와사비는 같은 양의 미지근한 물에 개어서 약 10분 동안 실온에 두면 향이 우러난다. 겨자채, 호박선, 구절판 등 고급 한국요리에 많이 이용되는 겨자집은 특유의 톡 쏘는 듯한 매운 맛이 특징이다.

〈목적〉

겨자의 발효 여부가 맛에 미치는 영향과 겨자집에 첨가되는 재료의 적절한 양을 알아본다.

〈재료〉

겨잣가루, 따뜻한 물(육수), 식초, 설탕, 간장 각각 1컵, 소금 2큰술,
마늘 2쪽, 꿀 1작은술

〈기기 및 기구〉

계량 스푼, 거즈, 일반 조리기구

〈방법〉

(1) 겨잣가루를 다음과 같이 개어 준비한다.

A, B : 겨잣가루 1큰술씩을 따뜻한 물 1큰술씩에 잘 개어 그릇을 거즈로 싼 다음에 따뜻한 곳에서 10분 동안 발효시킨다.

C : 겨잣가루 1큰술을 찬물에 갠다.

(2) 발효된 겨자(A, B)에 각각 1큰술의 물을 부어 그대로 1분 동안 방치한 다음에 그 물은 버리고 다음과 같이 각 시료별로 겨자집을 만든다.

A : 발효된 겨자, 식초 1큰술, 물 1큰술, 설탕 $1\frac{1}{2}$큰술, 간장 1작은술

B : 발효된 겨자, 식초 $1\frac{1}{2}$큰술, 물 1큰술, 설탕 $1\frac{1}{2}$큰술, 간장 1작은술

C : 찬물에 갠 겨자 1큰술, 식초 1큰술, 따뜻한 물 1큰술, 설탕 1큰술, 간장 1작은술

(3) 각 시료별로 관능검사를 실시한다.

참고

- 발효시킨 겨자는 물을 붓고 얼마간 두었다가 윗물을 따라 내면 특유의 쓴맛이 제거된다.
- 겨잣가루에 물을 붓고 따뜻한 곳에 얼마간 두어야만 시니그린이 분해되어 매운맛을 낸다.
- 겨자를 요리에 사용할 때는 식초와 설탕을 약간 섞어서 쓰는데, 필요에 따라서 닭 국물이나 잣즙과 같은 맛있는 국물을 섞으면 특이한 맛을 느낄 수 있다.

플로차트(Flow chart : 흐름도)

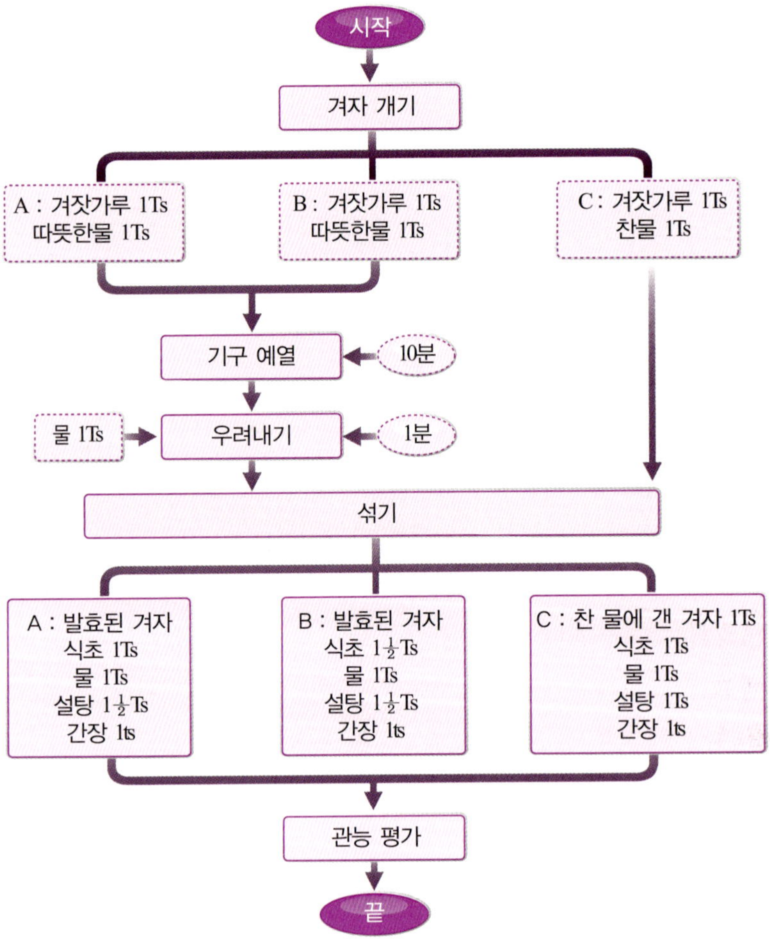

〈결과〉

구분	조건	맛	농도	기호도(순위)
A	발효된 겨자 식초 1Ts 물 1Ts 설탕 $1\frac{1}{2}$Ts 간장 1Ts			
B	발효된 겨자 식초 $1\frac{1}{2}$Ts 물 1Ts 설탕 $1\frac{1}{2}$Ts 간장 1Ts			
C	찬 물에 갠 겨자 1Ts 식초 1Ts 따뜻한 물 1Ts 설탕 1Ts 간장 1Ts			

〈문제〉

(1) 겨자 소스를 만들 때 발효가 필요한 이유는 무엇인가?

(2) 겨자를 이용한 요리의 종류에는 어떤 것들이 있는가?

(3) 각 가정에서 만드는 겨자집의 레시피를 알아보시오.

실험 8 멥쌀가루 첨가와 반죽 물의 온도에 따른 찹쌀경단의 품질 비교

곡물이 생산되고 불을 요리에 사용하면서부터 조상들은 자연스럽게 떡을 만들어 먹게 되었는데 이것은 오랜 시간을 거쳐 다양하게 발전하여 왔다. 떡은 한자로 병(餠)이라고도 한다. 병은 중국에서는 밀가루로 만든 떡을 지칭하지만, 우리나라에서는 밀가루 떡뿐만 아니라 모든 떡을 포함하는 것으로 사용되고 있다. 밀가루 이외의 곡분을 시루에 넣어서 쪄낸 것을 이(餌)라고 하며, 밀이 아닌 곡물의 낟알을 그대로 찐 다음 이것을 쳐서 만든 떡을 자(餈)라에고 한다.

떡은 오랜 세월 먹었던 우리의 전통음식 중의 하나이고 통과의례 등의 의례음식으로 각종 행사에 빠지지 않는 중요한 음식으로 이용되어 왔다. 떡은 주로 곡류를 간 가루에 여러 가지 부재료를 섞어서 만든다. 그 방법에 따라 찌는 떡, 치는 떡, 지지는 떡, 삶는 떡으로 크게 나눌 수 있다.

찌는 떡에는 백설기 · 시루떡 · 송편 · 증편 등이 있고, 치는 떡에는 인절미 · 쑥절편 · 밤단자 등이 있으며, 지지는 떡에는 화전 · 부꾸미 · 수수전병 등, 그리고 삶는 떡에는 경단 등이 대표적이다.

경단은 곡물가루를 빚거나 구멍을 내어 구멍 떡으로 만든 후, 끓는 물에 삶아 건져 고물을 묻히는 떡이다.이때 사용하는 곡물로는 찹쌀, 감자, 차수수, 멥쌀, 율무, 메밀 등이 있다. 또 고물로는 콩, 녹두, 깨, 대추, 밤, 팥 등을 사용했다는 기록이 있다.

떡은 재료가 되는 가루와 물의 배합이 잘 맞아야 설익거나 질지 않게 된다. 보통 쌀 800g(소두 1되)을 물에 불려 빻을 때 1작은술의 소금을 넣어 간을 하여 빻으면 12컵(1kg) 정도의 쌀가루가 나온다.

멥쌀가루를 빻아 물을 훌훌 뿌려 가며 손으로 비벼서 체에 치는 것을 '물 내린다' 고 하는데 방앗간에서 바로 빻아 왔을 경우는 쌀가루 1컵에 1큰술 정도의 물을 넣어 골고루 비벼 체에 내리면 알맞은 물의 양이 된다. 쌀가루가 말라 있는 정도에 따라 물의 양이 달라지는데 물의 양이 적당한지를 알아보려면 물을 내린 후 쌀가루를 손으로 뭉쳐 살짝 던져 보아서 덩어리가 깨지지 않으면 된다.

《임원십육지》, 《동국세시기》 등에도 경단에 대한 기록이 있는데 경단을 만드는 법에는 두 가지가 있다. 하나는 소금 간을 하여서 빻은 찹쌀가루를 익반죽하여 끓는 물에 삶아낸 다음에 고물을 묻히는 방법이고, 또 하나는 삶아 건진 반죽을 그릇에 담고 방망이로 찧어 차지게 만든 다음에 꿀을 묻힌 손으로 조금씩 떼어 밤소나 팥소 등을 조금씩 넣고 다시 둥글게 빚어 고물을 묻히는 방법이다.

〈목적〉

찹쌀가루로만 만든 경단은 삶았을 때 늘어지기 쉽다. 이를 방지하기 위해서 멥쌀가루를 섞는데 멥쌀가루의 첨가와 반죽 물의 온도가 경단의 질감에 미치는 영향을 알아본다.

〈재료 및 분량〉

찹쌀가루 380g, 쌀가루20g, 볶은 콩가루 150g

〈기기 및 기구〉

계량 컵, 탐침온도계, 구멍국자, 타이머, 전자 저울, 일반 조리기구

〈방법〉

(1) 볼에 가루와 물을 다음과 같은 조건으로 섞는다.

A : 찹쌀가루 100g, 찬물 1큰술

B : 찹쌀가루 100g, 끓는 물 1큰술

C : 찹쌀가루 90g, 멥쌀가루 10g, 찬물 1큰술

D : 찹쌀가루 90g, 멥쌀가루 10g, 끓는 물 1큰술

(2) 물이 골고루 섞이면 손으로 치대어 40번 반죽한 후에 내부온도를 측정한다.

(3) 반죽을 잡아당겨서 경도를 측정하고 지름 1.5cm 정도의 경단을 만든다.

(4) 냄비의 물이 끓어오르면 경단을 넣고 경단이 떠오르면 10초 후에 구멍국자를 이용하여 꺼낸 다음, 경단의 내부온도를 측정한다.

(5) 만들어진 경단에 콩고물을 묻혀서 서로 달라붙지 않도록 한다.

(6) 20분 경과 후(경단이 식은 후)에 관능 평가를 한다.

참고

- 경단은 너무 오래 삶으면 퍼지므로 주의한다.
- 경단을 만들 때 오미자, 쑥, 치자 등의 천연 재료를 이용하여 여러 가지 색을 내는데 이는 떡의 색이나 맛뿐만 아니라 각각의 약리적 작용과 효능 때문이기도 하다.
- 떡을 만들 때에 찹쌀가루만으로 하면 차지고 쫄깃한 맛은 있지만 늘어지는 단점이 있고, 멥쌀가루를 섞어서 빚으면 떡이 늘어지는 것을 보완할 수 있고 동그란 모양도 잘 살릴 수 있는 장점이 있다.

플로차트(Flow chart : 흐름도)

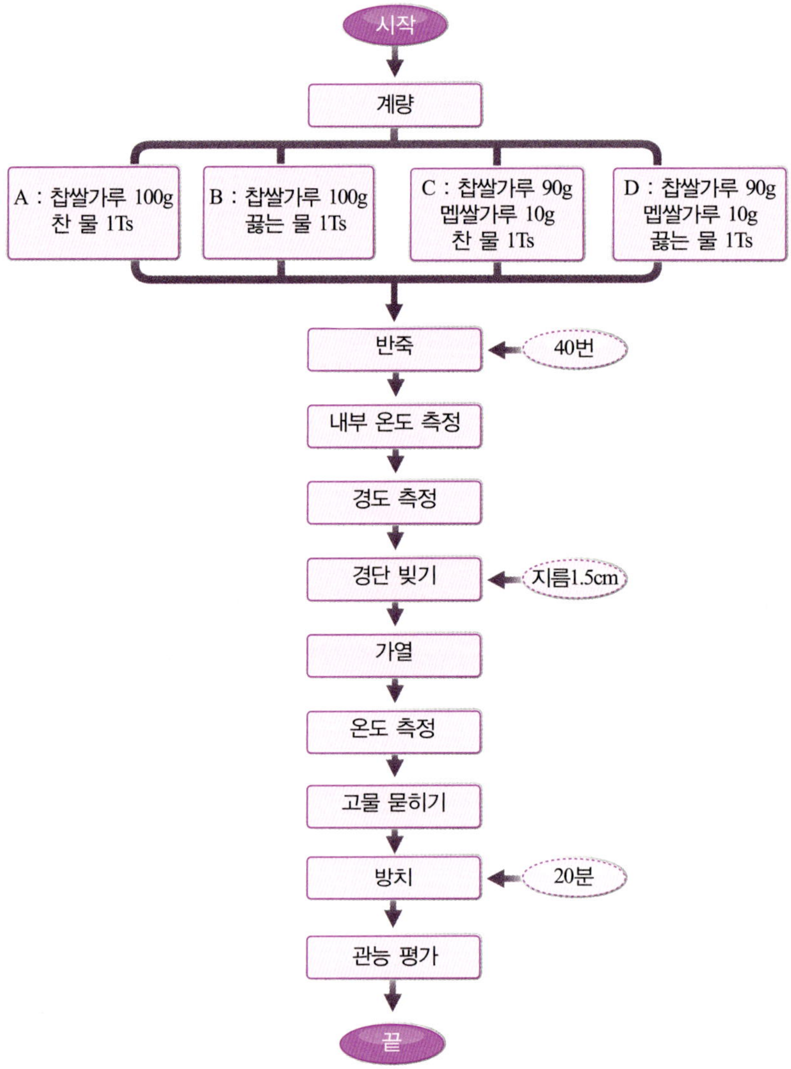

〈결과〉

구분	조건	반죽 내부 온도	반죽 경도	경단 내부 온도	관능 평가		
					맛	모양(점성)	기호도
A	찹쌀가루 100g 찬 물 1Ts						
B	찹쌀가루 100g 끓는 물 1Ts						
C	찹쌀가루 90g 쌀가루 10g 찬 물 1Ts						
D	찹쌀가루 90g 쌀가루 10g 끓는 물 1Ts						

〈문제〉

(1) 찹쌀경단에서 멥쌀가루의 혼합률이 높아지면 어떻게 되는지 설명하시오.

(2) 경단을 반죽할 때 끓는 물로 익반죽을 하는 이유는 무엇인가?

(3) 경단을 삶을 때 경단이 떠오르고 10초 정도 두는 이유는 무엇인가?

실험 9 수분 및 설탕의 양에 따른 백설기의 품질 비교

백설기는 고운 쌀가루에 물이나 꿀 또는 시럽 등으로 수분을 첨가한 후, 체에 치고시루에 안쳐 찌는 가장 기본이 되는 흰 무리떡으로 《규합총서(閨閤叢書)》에서 '백설고(白雪糕)' 로 기록된 이후 계속 이용해 온 전통적 시루떡이다. 흰 눈과 같다는 의미의 백설기는 예로부터 순진무구하고 신성한 것으로 여겨 아이의 삼칠일, 백일, 첫돌 등의 각종 통과의례식 상차림에 빠지지 않았던 음식이다.

그 외에도 햇볕에 잘 말려서 고운 가루로 만들어 이유식인 암죽을 쑤어 아기에게 먹이거나 백설기 가루에 꿀을 섞어 다식을 만들어 먹기도 하으며 밤이나 대추 등 다른 부재료를 넣지 않고 만들기도 한다.

쌀가루에 물이나 꿀 또는 시럽을 첨가하는 것은 수분함량을 조절하는 과정으로, 빻은 쌀가루의 수분 함량에 따라 가감 조절한다. 일반적으로 찌는 떡의 경우, 쌀가루의 10% 내외의 수분을 첨가한다. 수분을 첨가한 쌀가루를 체에 내리는 이유는 쌀가루 입자를 고르게 하고 또 쌀가루에 수분이 골고루 섞일 수 있도록 하여 떡이 잘 익도록 하며 완성된 떡은 탄력성을 지니게 되기 때문이다.

쌀가루의 입자가 거칠고 균일하지 못하면 완성된 떡의 질감이 단단해지므로 미세하고 균일한 떡가루 입자를 위하여 20~30메시(mesh) 정도의 중간체를 사용하는 것이 좋다. 한편, 체에 내릴 때는 신속하게 내려주어야 한다. 이는 실온에서 오래 방치할 경우, 쌀가루에 함유된 수분이 감소될 우려가 있기 때문이다.

떡은 설탕, 꿀 또는 시럽 등을 첨가하여 만드는 데 이것은 떡에 단맛을 주기도 하지만 이러한 재료들이 갖는 흡습성으로 인하여 떡의 노화를 지연시키기도 한다.

쌀가루를 시루나 찜기에 안칠 경우에는 반드시 김이 오른 후에 얹어야 하며 찜기의 위와 아래가 잘 맞도록 함으로써 증기가 새지 않도록 하는 것이 중요하다. 떡을 찔 때 생성된 수증기가 물방울을 형성하여 떡의 표면에 떨어지는 현상을 방지하기 위하여 반드시 쌀가루의 표면을 행주로 덮어준 후에 찌는 것이 좋다.

떡을 찌는 시간은 떡의 종류와 쌀가루의 양에 따라 조금씩 다르지만, 일반적으로 멥쌀의 경우는 20~30분이 소요되고, 찹쌀의 경우는 30~40분이 걸린다.

〈목적〉

수분과 설탕의 양을 달리하였을 때 백설기의 질감과 맛이 어떻게 다른지를 알아 본다.

〈재료 및 분량〉

쌀가루 600g, 설탕 90g, 소금 4g

〈기기 및 기구〉

메스실린더, 중간체, 소형 틀(50×122×77mm) 4개, 면포, 전자저울, 일반조리기구

〈방법〉

(1) 쌀 600g을 씻은 다음 6시간 이상 불린 후 소금(4g)을 넣고 빻는다.

(2) 다음과 같은 조건으로 계량한다.

A : 쌀가루 150g, 물 22.5g(15%), 설탕 22.5g(15%)

B : 쌀가루 150g, 물 30g(20%), 설탕 22.5g(15%)

C : 쌀가루 150g, 물 30g(20%), 설탕 15g(10%)

D : 쌀가루 150g, 물 30g(20%), 설탕 30g(20%)

(3) 쌀가루와 물을 골고루 섞은 후 체에 내린다.

(4) 설탕을 넣고 고르게 섞어 다시 체에 내린다.

(5) 찜기에 젖은 면포를 깔고 적당한 크기의 틀을 올린 후 각각의 시료들을 넣어 표면을 편편하게 한다.

(6) 김이 나기 시작하면 찜기를 올려 10분 동안 찐다.

(7) 3분 동안 뜸을 들인 후 꺼내어 관능평가를 한다.

참고

• 멥쌀가루를 시루에 안칠 때는 손으로 솔솔 뿌려 가면서 안쳐야 공기가 많이 들어가서 떡이 부드럽게 잘 쪄진다.

• 꼭꼭 눌러 안치면 공기구멍이 막혀 설익을 수가 있으므로 주의한다.

참 고

- 멥쌀가루를 안친 후 미리 원하는 크기로 깊숙이 칼금을 내어 찌면 나중에 떼기가 수월하다.
- 백설기를 얇게 찌고 싶을 때는 켜마다 한지를 깔고 찌면 원하는 두께 조절이 가능하다.

플로차트(Flow chart : 흐름도)

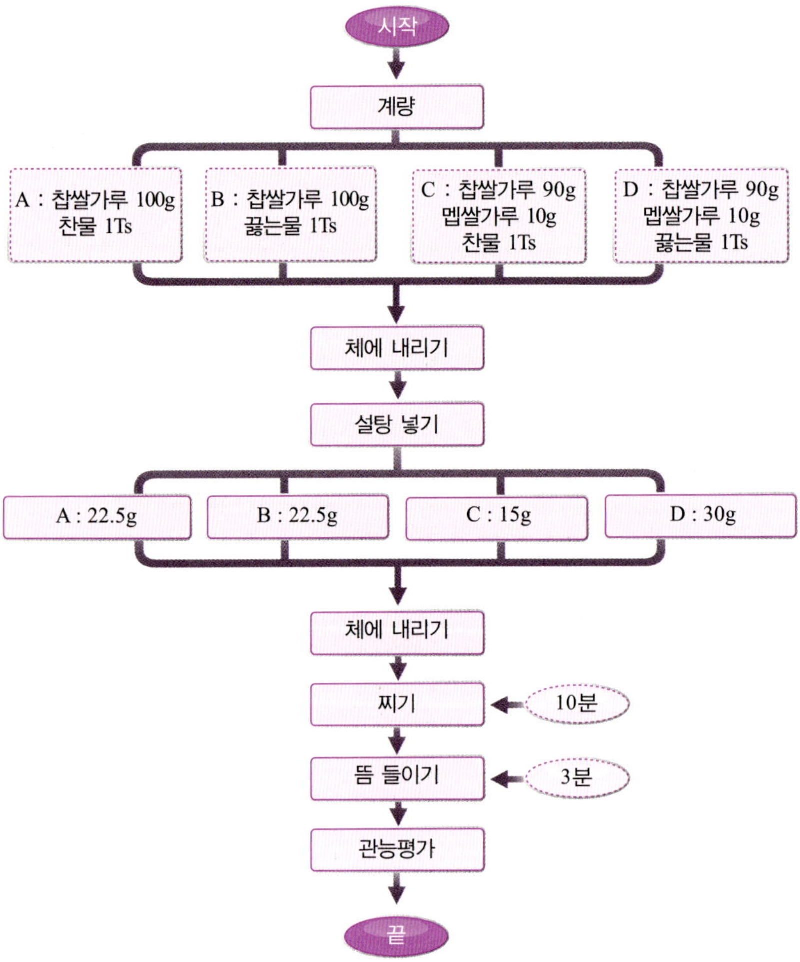

〈결과〉

구분	조건	부드러움	단맛	쫄깃함	기호도(순위)
A	물 22.5g 설탕 22.5g				
B	물 30g 설탕 22.5g				
C	물 30g 설탕 15g				
D	물 30g 설탕 30g				

〈문제〉

(1) 수분 첨가량의 증가에 따른 백설기의 질감 변화에 대하여 설명하시오.

(2) 설탕 첨가에 따라 백설기의 질감이 변화되는 이유는 무엇인가?

(3) 떡을 찔 때에 주의해야 할 점은 무엇인가?

실험 10 당면의 조리방법에 따른 잡채의 기호도 비교

명절이나 잔치 음식에서 빠지지 않고 올리는 잡채(雜菜)는 '뒤섞다'는 뜻의 잡(雜)과 채소, 나물을 뜻하는 채(菜)로 이루어진 말이다. 즉, 여러 가지 채소를 섞어서 만든 음식이라는 뜻이다.

기록에 의하면 1600~1700년대의 잡채는 당면이 들어가지 않고 나물만을 재료로 하여 만든 것이었다. 1939년에 들어와서야 《조선무쌍신식요리제법》이라는 조리서에 당면이 처음으로 언급되었지만 여러 가지 채소들에 묻혀서 부재료로서만 작용하였다. 그러다가 1942년 《조선요리제법》에 잡채의 재료로 당면이 제일 먼저 언급된 이후 지금까지 당면은 잡채를 만들 때 빠져서는 안 되는 가장 중요한 주재료로 인식되어 왔다.

조선 후기의 요리책 《음식지미방》에는 "오이, 무, 녹두, 기름 등은 날로, 도라지, 거여목, 박고지 등은 삶아서 가늘게 찢어놓고 양념을 한다. 각색 재료를 가늘게 한 치씩 썰어 각각 간장으로 간을 하고 기름에 볶아서 교합하거나 각각 임의로 하되 큰 대접에 담는다. (중략) 천초, 후추, 생강을 뿌린다"고 씌어 있다. 즉, 조선 후기까지의 잡채에는 당면이나 고기를 쓰지 않고 주로 나물을 썼으며, 고기와 당면은 후대에 들어와 첨가된 것이라는 것을 다시 알 수 있다.

당면은 원래 중국에서 녹두를 원료로 하여 만든 국수였지만 지금은 고구마전분, 감자전분, 옥수수전분 등의 전분질을 주원료로 하여 반죽, 제면, 호화, 냉동, 해동, 건조 등의 공정을 거쳐 제조된 것으로 호면(胡麵)이라고도 한다. 원료가 되는 녹말의 일부를 먼저 끓는 물로 반죽하여 풀처럼 만들고, 여기에 나머지 녹말을 부어 저으면서 40°C 정도의 더운물을 붓고 치대어 구멍이 많이 뚫린 국수틀을 통해 끓는 물이 있는 솥에 넣는다. 국수가 익어 떠오르면 건져내어 물통에 넣고 식힌 다음 얼린다. 이것을 다시 냉수에 녹여 햇볕에 말린 후 제품화한다. 당면은 잡채 뿐만 아니라 탕요리, 전골요리 등에도 쓰인다.

잡채는 거의 모든 사람들이 좋아하는 음식이기 때문에 버섯잡채, 떡잡채, 콩나물잡채, 부추잡채 등 그 종류와 만드는 방법이 다양해졌다. 간장으로 색을 내는 것이 일반적인 방법이지만 간장 대신 소금으로 간을 하여 하얗게 만들기도 한다.

잡채를 만드는 방법은 일반적으로 당면을 미지근한 물에 불렸다가 끓는 물에 재빨리 삶아내어 참기름, 깨소금, 소금 등으로 맛을 낸다. 채소는 양파, 당근, 오이, 버섯 등을 굵은 채로 썰어 볶아내고 볶은 고기, 채소, 당면 등을 한데 모아 양념을 무쳐 낸다. 여러 가지 재료들을 각각 볶아서 합한 다음 다시 참기름 등을 첨가하여 간을 하는 음식이기 때문에 칼로리가 높은 음식이다.

〈목적〉

잡채에서 중요한 재료인 당면을 여러 가지 방법으로 조리해 보고 가장 맛있는 전처리 방법을 알아본다.

〈재료〉

당면 60g, 간장 $1\frac{1}{2}$큰술, 설탕 $1\frac{1}{2}$큰술, 식용유 1큰술

〈기기 및 기구〉

계량스푼, 전자저울, 일반조리기구

〈방법〉

(1) 당면을 20g씩 3개(A, B, C)로 나누어 적당한 크기로 자른다.

(2) 20분간 찬물에 불린 당면(A, B)과 불리지 않은 당면(C)을 다음과 같이 만든다.

A : 끓는 물 $\frac{1}{2}$컵에 당면과 간장 $\frac{1}{2}$큰술, 설탕 $\frac{1}{2}$큰술, 식용유 $\frac{1}{8}$작은술을 넣고 국물이 졸아들 때까지 조린다.

주의

당면이 익을 때까지 뒤적여 준다.

B : 팬에 식용유($\frac{1}{8}$작은술)를 두르고 당면, 간장 $\frac{1}{2}$큰술, 설탕 $\frac{1}{2}$큰술을 넣어 볶는다.

C : 불리지 않은 당면을 삶은 후 간장 $\frac{1}{2}$큰술, 설탕 $\frac{1}{2}$큰술, 식용유 $\frac{1}{8}$작은술로 양념한다.

(3) 각각에 대하여 관능평가를 한다.

참고

많은 양의 잡채를 만들 때는 당면을 삶지 않고 뜨거운 물에 담가서 불렸다가 볶아서 쓰기도 한다.

플로차트(Flow chart : 흐름도)

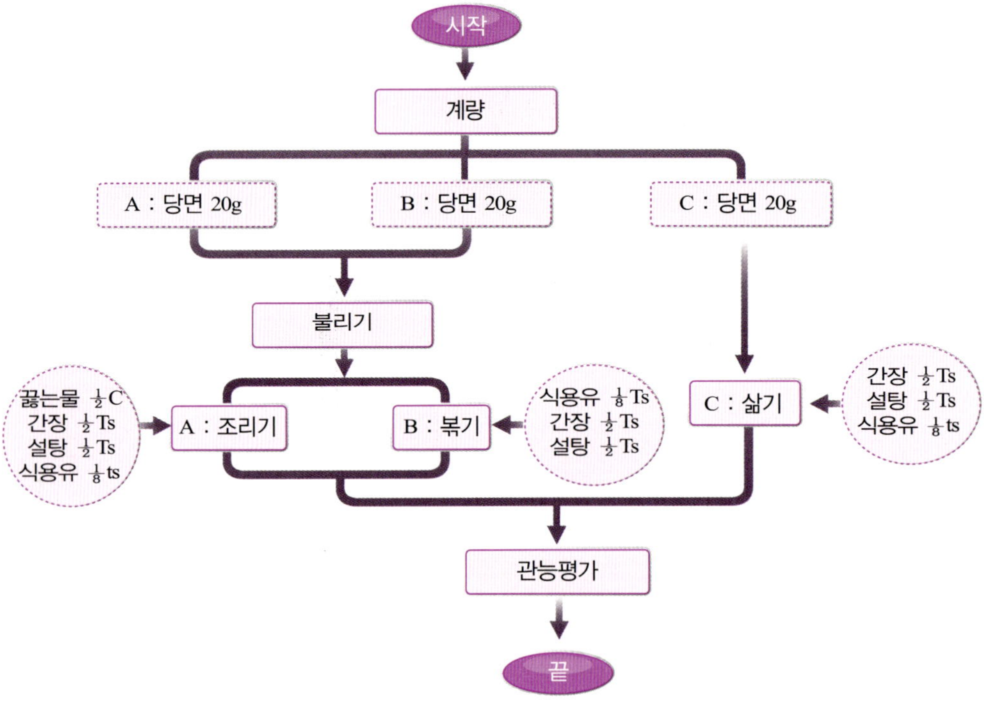

〈결과〉

구분	조건	질감	색	맛	기호도(순위)
A	불린 후 양념한 물에서 졸임				
B	불린 후 양념하여 볶음				
C	불리지 않고 삶은 후 양념				

〈문제〉

(1) 맛있는 잡채를 만들기 위한 조리방법은 무엇인가?

(2) 그 이유는 무엇인가?

(3) 잡채의 유래 및 역사에 대하여 설명하시오.

실험 11 전분의 종류를 달리하여 만든 과편의 품질 비교

제철에 많이 나는 과일을 이용하여 만든 과편은 천연 과일의 향과 색이 아름답고 입안에서의 식감이 좋아 후식 또는 간식으로 많이 이용되어 왔던 우리나라 전통음식이다. 과편은 신맛이 나는 과즙에 설탕을 넣고 조리다가 녹말을 넣어 엉기게 한 다음 그릇에 담고 굳힌 후 알맞은 크기로 썬, 묵 같은 형태의 음식을 말한다.

궁중에서는 병(餠)이라고도 하였다. 과편은 과정류에 속하며 편의 웃기와 생실과의 웃기로 사용된다. 재료에 따라 앵도편, 모과편, 살구편, 산사편, 복분자편, 벗편, 들쭉편, 오미자병과 전분을 이용한 녹말편, 저여병, 모밀편 등 11가지로 나눌 수 있다.

과편은 우리나라 최고의 조리서인 《규곤시의방》에 만드는 방법이 나와 있고 1800년대의 문헌인 《진연의궤(進宴儀軌)》와 《진찬의궤(進饌儀軌)》 등에도 기록되어 있어 궁중의 연회상차림에 자주 등장했던 음식임을 알 수 있다.

우리나라의 전통음식 중에서 전분의 겔화를 이용한 것들이 있는 데 과편과 도토리묵, 청포묵, 메밀묵 등 묵이 그 종류이다.

겔화

콜로이드 용액이란 눈에는 보이지 않는 미립자가 액체 중에 분산되어 있는 상태이며 전분 용액이 대표적이다. 전분 용액을 호화시키면 유동성을 보유하고 있는 액체상태인 졸(sol)이 형성되고, 졸은 급속한 냉각이나 기타의 조건에 의해서 유동성을 잃고 약간의 탄력성을 보유한 반고체나 고체 상태인 겔(gel)상태가 된다.

호화된 전분분자가 냉각되면서 인접한 분자 사이에 수소결합이 생기고, 그 수소결합에 의해 분자 간의 재결합이 일어나게 되는 이 현상은 노화의 과정과 유사하다. 한편, 급히 냉각시킴으로써 수분이 미처 빠져나오지 못한 상태에서 입체적 망상구조를 형성하는 게 호화와의 차이점이다.

겔화 및 겔의 강도에 영향을 주는 인자

① **전분의 종류** : 아밀로펙틴은 수소결합이 잘 일어나지 않으므로 겔이 잘 생기지 않는 반면에 아밀로오스는 함량이 많을수록 겔의 강도가 강해진다.

② **설탕** : 과량의 설탕은 친수성을 지녀 호화를 지연시키고 아밀로오스가 빠져나오는 것을 막아서 겔화를 억제한다.

③ **유기산** : 산은 전분분자를 가수분해하여 전분의 길이가 짧아지므로 입체적 망상구조를 형성하는 것이 방해되어 겔화가 억제되며, 겔의 강도도 약해진다.

〈목적〉

전분의 종류를 달리하여 과편을 만들어 봄으로써 과편 형성 능력을 파악하고 그 중에서 가장 효과적으로 작용하는 전분의 종류를 알아본다.

〈재료 및 분량〉

오렌지과즙 2컵, 녹두전분 15g, 고구마전분 15g, 옥수수전분 15g, 감자전분 15g, 설탕 120g

〈기기 및 기구〉

계량컵, 과편 틀 4개, 타이머, 전자저울, 일반조리기구

〈방법〉

(1) 다음과 같이 시료를 준비한다.

A : 오렌지 과즙 $\frac{1}{2}$컵, 녹두전분 15g, 설탕 30g
B : 오렌지 과즙 $\frac{1}{2}$컵, 고구마전분 15g, 설탕 30g
C : 오렌지 과즙 $\frac{1}{2}$컵, 옥수수전분 15g, 설탕 30g
D : 오렌지 과즙 $\frac{1}{2}$컵, 감자전분 15g, 설탕 30g

(2) 각각의 작은 냄비에 오렌지 과즙, 설탕과 각 전분들을 넣고 저으면서 10분 동안 가열한다.

(3) 물기를 묻힌 과편 틀에 뜨거운 혼합액을 각각 쏟아 붓는다.

(4) 완전히 식으면 적당한 크기로 잘라서 관능평가를 한다.

참고

- 과편에 사용되던 과일 중에서 앵두는 유기산과 펙틴 성분이 많아서 오래전부터 가장 많이 애용되어 왔던 대표적인 과편 재료이다.
- 과편 만드는 방법에는 과즙에 설탕을 넣고 녹말을 넣는 방법, 과즙에 꿀만 넣어 조리는 방법, 과즙에 설탕과 녹말을 동시에 넣는 방법 등이 있다.

플로차트(Flow chart : 흐름도)

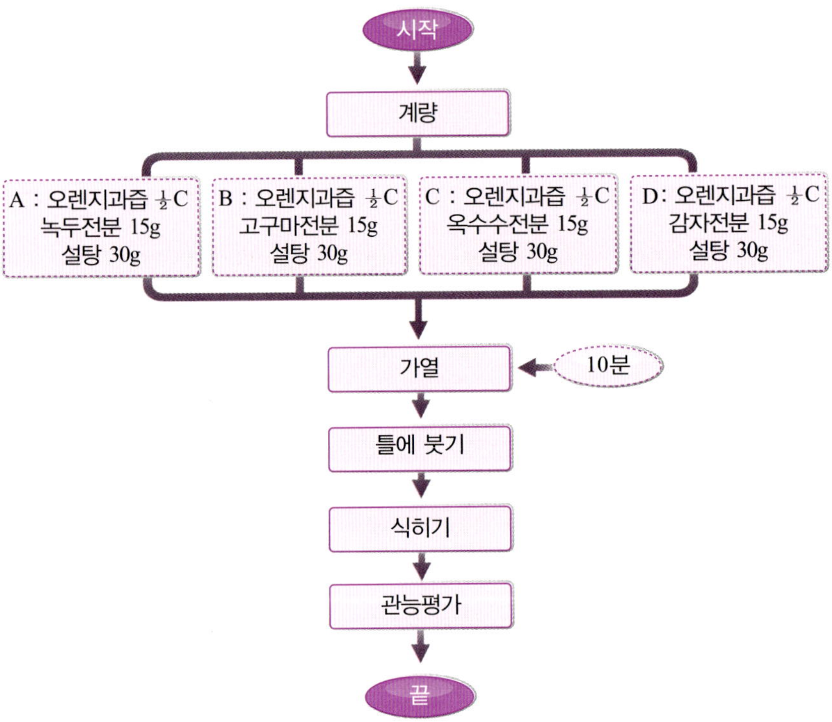

〈결과〉

구분	조건	색	부드러움	단맛	쫄깃함	기호도(순위)
A	녹두전분					
B	고구마전분					
C	옥수수전분					
D	감자전분					

〈문제〉

(1) 녹두, 고구마, 옥수수, 감자전분의 호화온도는 몇 도인가?

(2) 오렌지 과즙 외에 과편의 재료로 가능한 것은 무엇인가?

(3) 전분의 겔화에 대하여 설명하시오.

실험 12 한천농도를 달리한 팥양갱의 품질 특성 비교

한천은 우뭇가사리를 채취하여 소금기를 빼고 햇볕에 쬐어 희게 만든 다음 삶고 걸러 고체로 만든 우무를 건조시킨 것이다. 한천 용액은 응고력이 세고, 응고한 것은 잘 부패하지 않으며, 물과의 친화성이 강하여 수분을 일정한 형태로 유지하는 능력이 크다.

우무는 콩국에 말아 먹는 우무채와 우무장아찌 등의 반찬으로 쓰이고, 한천은 양갱 등의 과자원료, 식품산업에서 젤리, 푸딩, 양갱 등의 겔화제, 아이스크림, 요구르트, 샐러드드레싱 등 유제품이나 청량음료의 안정제, 떡 등의 노화방지제, 의약품 원료나 미생물을 배양하는 한천 배양기 등으로 폭넓게 쓰인다.

한천은 수분 15%, 단백질 2%, 회분 3.5%, 지방 0.5% 이하로서 대부분은 다당류이다. 한천의 주성분은 아가로스(agarose) 70%와 아가로펙틴(agaropectin) 30%의 두 가지 다당류로 혼합되어 있으며 소화, 흡수가 잘 되지 않아 다이어트 식품으로 이용된다.

물에 불린 한천은 가열에 의해 녹는데 한천의 사용농도는 1~2%로서 이보다 낮은 농도에서는 겔화가 충분히 이루어지지 않고 농도가 2%를 초과하면 잘 녹지 않는다. 한천의 농도는 증가함에 따라 견고성이 증가되나 입에서의 느낌은 좋지 않다. 용해된 한천을 냉각하면 응고하여 30°C 부근에서 탄성 있는 겔이 된다.

한천의 용해온도는 농도에 따라 다른데 농도가 높을수록 용해온도가 높다. 설탕은 점성과 탄성을 증가시키고 투명감도 좋게 하며 설탕의 농도가 높을수록, 60%까지는 겔의 강도도 증가한다. 그러나 한천에 과즙이나 우유, 팥 앙금 등의 첨가량이 많으면 겔의 강도는 저하된다. 과즙을 넣을 때는 한천 용액을 60°C로 가열한 다음 첨가하고 우유는 많은 양을 첨가하면 겔 구조에 방해를 받아 강도가 약해지므로 한천의 농도를 높여 주어야 한다.

팥 앙금은 겔의 강도를 약하게 하며 비중이 무거워 가라앉기 쉬우므로 40°C 정도의 온도에서 응고시키는 것이 좋다. 또한 난백을 첨가하면 난백의 거품이 가볍기 때문에 위로 떠서 분리되기 쉽다. 이때 설탕을 첨가하면 거품도 안정되고 분리되는 것도 막을 수 있다.

팥 양갱은 붉은 팥 앙금에 한천과 설탕을 넣고 조려낸 과자이다. 양갱의 단맛 때문에 아이들의 간식이나 등산, 여행 시 비상식량으로 많이 애용되고 있으며 붉은 팥 양갱이 가장 흔하지만 그 외에도 거피한 팥으로 만든 흰 팥 앙금이나 완두 앙금 등을 이용하여 흰색이나 연두색의 양갱도 만들 수 있다.

〈목적〉

한천농도가 팥 양갱의 품질에 미치는 영향을 알아본다.

〈재료〉

한천가루 3.5g, 물 360g, 설탕 150g, , 물엿 3큰술, 팥앙금 750g

〈기기 및 기구〉

계량스푼, 양갱 틀(작은 크기의 1회용 컵), 전자저울, 일반조리기구

〈방법〉

(1) 다음과 같이 시료를 계량한다.

A : 한천가루 0.5g, 물 120g, 설탕 50g, 물엿 1큰술, 팥앙금 250g

B : 한천가루 1g, 물 120g, 설탕 50g, 물엿 1큰술, 팥앙금 250g

C : 한천가루 2g, 물 120g, 설탕 50g, 물엿 1큰술, 팥앙금 250g

(2) 한천가루에 물을 넣고 10분간 불린 후 한천이 녹을 때까지 가열한다.

(3) 각 시료에 설탕을 넣고 녹을 때까지 끓인다.

(4) 각 시료에 팥앙금을 넣고 끓인다.

주의

저어가면서 팥 앙금이 뭉칠 때까지 끓인다.

(5) 물엿을 넣어 윤기를 낸다.

(6) 틀에 부어 냉동고에서 응고시킨다.

주의

틀에 물을 살짝 바르면 완성된 후 꺼내기가 편하다.

(6) 관능평가를 한다.

참고

- 한천 가루는 불린 후 사용한다.
- 설탕물에 조려 만든 밤초를 양갱 틀에 먼저 넣고 끓인 앙금을 부으면 밤 팥양갱이 만들어 진다.

플로차트(Flow chart : 흐름도)

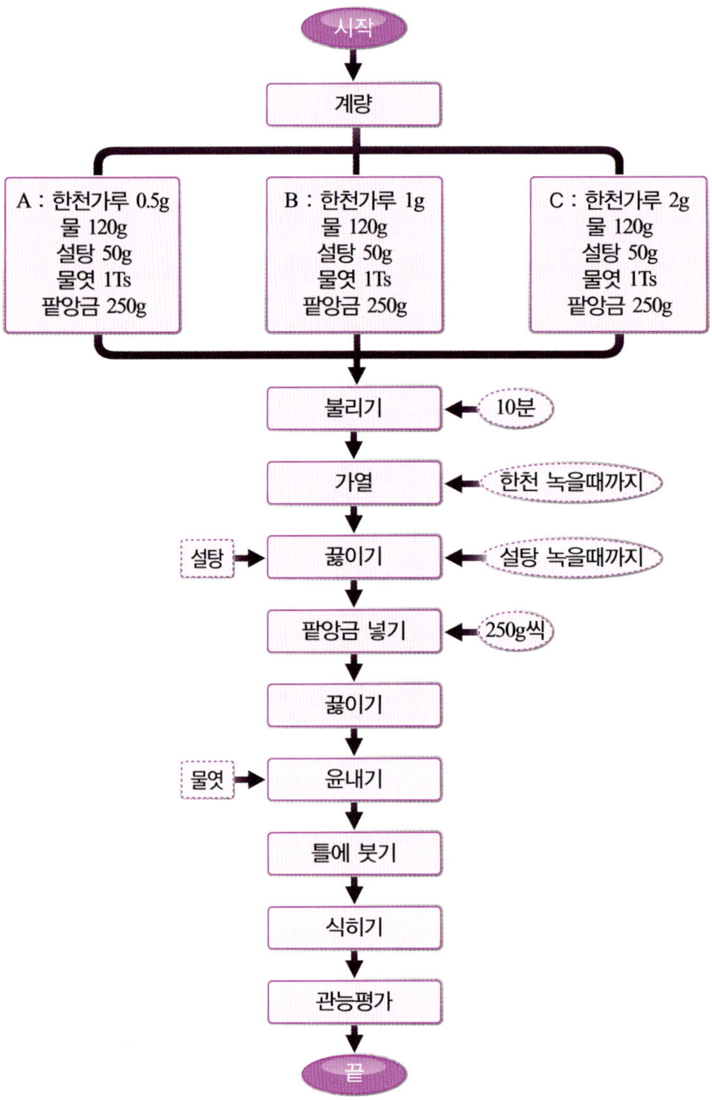

〈결과〉

구분	조건	경도	질감	맛	기호도(순위)
A	한천가루 0.5g				
B	한천가루 1g				
C	한천가루 2g				

〈문제〉

(1) 한천을 이용한 음식은 무엇인가?

(2) 한천의 용해온도와 응고온도는 얼마인가?

(3) 한천 겔의 형성에 영향을 주는 요인들을 설명하시오.

실험 13 조리방법을 달리한 콩자반의 품질 비교

콩이 문헌상으로 처음 등장한 것은 《시경》에 '숙(菽)'이라는 이름으로이다. 그런데 숙의 꼬투리가 나무로 만든 제기인 두(豆)와 비슷하다고 하여 '두'가 되었다. 그 후 팥처럼 알맹이가 작은 콩무리가 들어오면서 서로 구분하기 위하여 팥은 '소두', 원래의 콩은 '대두'라 부르게 되었다.

콩자반이라는 명칭의 유래는 콩좌반에서 비롯되었다. 좌반(佐飯)이란 밥의 옆에 따른다는 의미로서 짭짤하게 만들어 밥과 같이 먹는 반찬이라는 뜻이다. 지방에 따라 콩조림 · 콩장 등으로도 불린다. 《시의전서(是議全書)》에는 그 조리법도 기록되어 있다.

콩의 원산지는 함경북도 회령군 오동의 청동기시대 유적에서 콩이 출토된 점 등으로 보아 중국의 동북부 즉, 만주이다. 콩은 우리나라를 거쳐 일본에 전파되었으며 일본에서의 콩 재배 역사는 약 2,000년이 되는 것으로 추정된다.

콩과 같은 검은색 음식은 신장 기능을 돋우고 생식기 계통의 기능을 좋아지게 한다. 검은색을 띠는 안토시아닌 색소는 우리 몸에 항산화 능력을 길러주며, 면역력을 향상시키고 각종 질병을 예방한다.

동의보감에 의하면 '콩은 성질이 형하고 독이 없다. 오장을 보하고 중초와 12경맥을 좋게 하고 장위를 따뜻하게 한다'고 기록되어 있다. 검은 콩은 해독, 신경 진정 작용을 하고 신장을 다스리며 혈액순환도 활발케 해 약재나 다름없는 음식이다.

검은 콩에는 단백질, 식물성 지방, 비타민 B_1과 B_2, 니아신 등이 풍부하다. 노란 콩에 비해 항암, 노화억제 물질이 많으며 신장계통의 대사 촉진에 효과가 좋다. 또 체내의 독소를 빼내는 해독작용이 뛰어나고 혈액순환을 촉진시키며 혈관을 튼튼하게 하여 고혈압과 동맥경화에도 좋다.

콩자반을 만들 때 삶은 콩에 설탕을 먼저 넣어 끓이면 삼투압이 높아져서 껍질만 팽창하고 내부는 수축하기 때문에 껍질에 주름이 생긴다. 콩의 내부가 수축하는 것은 설탕 농도가 높을수록 심하게 나타난다. 설탕이나 간장 등의 조미료를 첨가한 물에 처음부터 콩을 넣고 끓이면 삼투압의 영향으로 흡수와 팽윤이 억제되어 가열하더라도 부드러워지지 않는다.

따라서 콩을 불린 후 물을 넣고 가열하여 어느 정도 부드러워진 다음 간장과 설탕을 넣어 조려야 한다. 또한 간장이나 설탕은 한꺼번에 넣지 말고 몇 번으로 나누어서 넣도록 하며 너무 오랜 시간 가열하지 않도록 한다.

조미액이 묽으면 설탕 농도가 낮아 삼투압이 높지 않기 때문에 콩이 갑자기 수축하여 단단해지는 것을 막을 수 있다.

〈목적〉

조리방법이 콩자반 콩의 연화에 미치는 영향과 적합한 조리방법을 알아본다.

〈재료 및 분량〉

불린 검은 콩 300g, 설탕 100g, 간장 8큰술

〈기기 및 기구〉

계량스푼, 계량컵, 타이머, 전자저울, 일반조리기구

〈방법〉

(1) 검은 콩은 깨끗이 씻은 다음 5시간 이상 불린다.

주의

콩은 불리면 2~3배가 불어나는 것을 감안하여 준비한다.

(2) 불린 콩은 100g씩(A, B, C) 나눈다.

(3) 각 시료에 물 $2\frac{1}{2}$컵을 넣고 다음의 방법으로 조리한다.

A : 15분간 삶는다.

B : 10분간 삶은 다음 간장 4큰술, 설탕 50g을 넣고 5분간 조린다.

C : 간장 4큰술, 설탕 50g을 넣어 10분간 조리고 5분간 뜸 들인다.

(4) 각 시료에 대하여 관능평가를 한다.

참 고

- 중조는 콩을 빨리 무르게 하지만 검은 콩의 색을 퇴색시킨다.
- 생콩을 그냥 먹으면 소화가 안 되고 설사하기 쉬우므로 익혀서 먹는 것이 좋다.

플로차트(Flow chart : 흐름도)

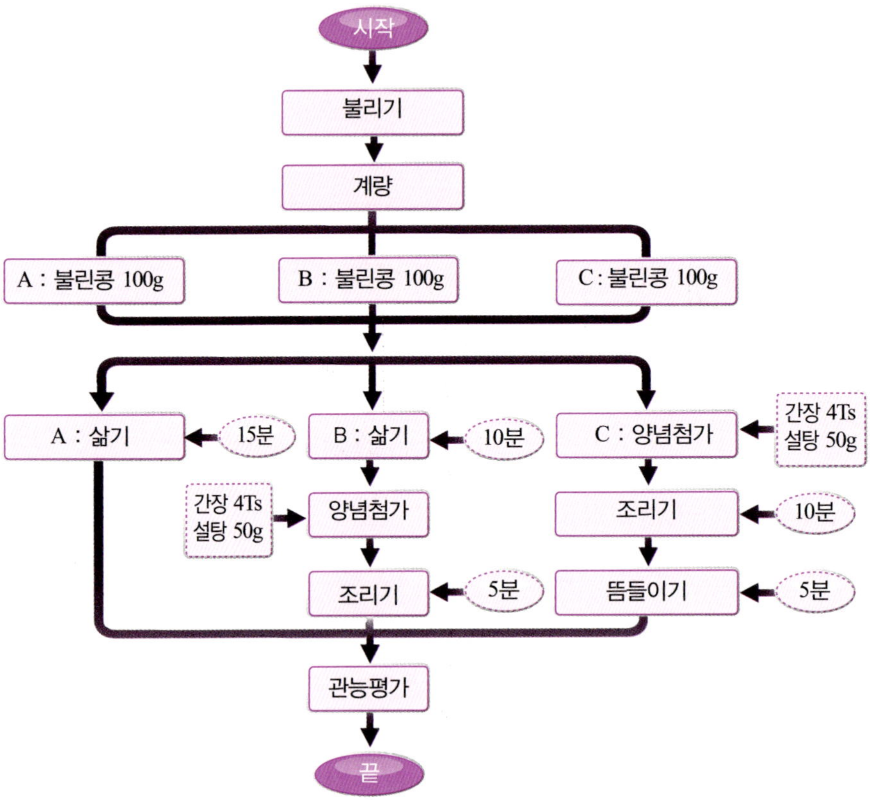

〈결과〉

구분	조건	부드러움	색	윤기	맛	기호도(순위)
A	15분 삶기					
B	10분 삶아 양념 후 5분 조리기					
C	양념 후 10분 조리고 5분 뜸					

〈문제〉

(1) 콩자반에서 콩껍질에 주름이 생기는 이유를 설명하시오.

(2) 콩자반의 콩이 단단해지는 이유를 설명하시오.

(3) 콩자반을 윤기나게 조리려면 어떻게 하는 것이 좋은가?

실험 14 가열조리 시 첨가물에 따른 두부의 품질 비교

두유에 염화 마그네슘($MgCl_2$)이나 황산칼슘($CaSO_4$), 염화칼슘($CaCl_2$)을 첨가하여 응고시켜 만든 것이 두부이다. 응고제는 대체로 대두의 1~2%를 첨가하며, 응고제의 종류에 따라 두부의 질감이 달라진다. 두유의 가열온도가 높을수록, 첨가하는 응고제의 양이 많을수록 응고가 단단하게 이루어진다. 이는 대두의 단백질인 글리시닌이 열에는 안정하나 금속염과 산에는 불안정하여 응고되는 성질을 활용한 것이다.

두부를 만들 때 첨가한 칼슘이온(Ca^{2+}) 중 약 17%만이 두유의 고형분과 결합한다. 두부는 90%가 수분인데, 나머지 약 83%의 칼슘이온(Ca^{2+})은 이 수분 중에 유리상태로 존재한다. 두부를 물에 넣고 가열하면 유리상태의 칼슘이온(Ca^{2+})이 두부의 단백질과 결합을 이루어, 결과적으로 칼슘이온(Ca^{2+})을 적당량 이상으로 첨가한 것처럼 두부를 물에서 끓이면 수축, 경화하여 단단해지고 맛이 없어진다. 또한 가열온도 및 가열시간도 두부의 단단해지는 정도에 영향을 미쳐 가열온도가 높을수록, 그리고 가열시간이 길수록 두부는 더욱 단단해진다.

두부를 가열할 때 끓는 물속에 소금을 첨가하면 소금의 나트륨이온(Na^+)은 미결합 상태의 칼슘이온(Ca^{2+})이 가열에 의해 두부 단백질과 결합되는 것을 방해한다. 따라서 물에 소금을 넣고 두부를 끓이면 수축하거나 단단해지지 않으므로 부드럽게 조리할 수 있다. 나트륨이온(Na^+)과는 달리, 철이온(Fe^{2+})이나 알미늄이온(Al^{3+})이 존재하면 두부는 단단해지는데, 이런 이온들은 칼슘이온(Ca^{2+})보다 두부에 대하여 응고작용이 강하기 때문이다. 또한 전분 용액에서 두부를 가열하면 공동이 억제되는데 이는 소금과 마찬가지로 전분도 단백질을 보호하는 작용이 있기 때문이다.

두부를 가열조리할 때는 두부 특유의 질감을 유지하는 데 주의를 기울여야 한다. 두부를 부드럽게 섭취하기 위하여 몇 가지 사항에 주의하면 도움이 된다. 첫째는 찌개나 국을 끓일 경우 다른 재료를 모두 첨가하고 간을 한 다음 맨 마지막에 두부를 첨가하여 간이 두부에 배도록 하는 것이다. 둘째는 두부김치처럼 통째로 익혀서 먹을 경우 0.5~1% 소금물에서 가열하면 부드러운 두부를 먹을 수 있다. 셋째는 두부를 튀기거나 지져서 먹을 경우 조리하기 전에 1%의 소금물에 10분 이상 담가두었다가 물기를 제거하고 조리하면 두부에 간이 배어들어 부드럽게 먹을 수 있다.

〈목적〉

첨가물을 넣고 두부를 가열조리할 때, 두부가 부드럽게 조리되는 방법에 대하여 알아본다.

〈재료 및 분량〉

두부 150g, 물 6컵, 된장 4큰술, 전분 2작은술

〈기구 및 기기〉

계량컵, 계량스푼, 타이머, 전자저울 , 일반조리기구

〈방법〉

(1) 두부는 1.5×1.5×1.5cm로 썰어 동일한 크기로 만든 다음 50g씩 계량한다.

(2) 다음과 같이 냄비에 물과 첨가물을 넣고 끓인다.

A : 물 2컵

B : 물 2컵, 된장 2큰술

C : 물 2컵, 된장 2큰술, 전분 2작은술

수의

- 전분을 사용할 때는 물과 동량을 섞어 물에 풀어준 다음 국물에 섞어준다.
- 동일한 크기의 작은 냄비를 사용하여 두부가 물에 잠길 수 있도록 한다.

(3) 물이 끓을 때 썬 두부 50g을 넣는다.

(4) 8분간 가열하고 두부를 건져낸다.

(5) 두부 단면의 질감과 내부의 기공 형성 정도를 비교하여 관찰한다.

플로차트(Flow chart : 흐름도)

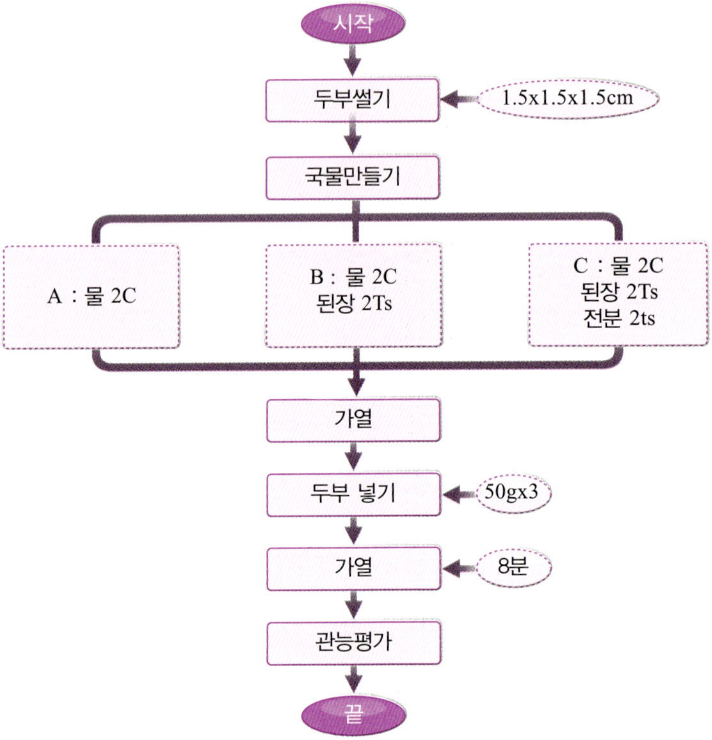

〈결과〉

구분	조건	질감	두부 내부의 기공의 형성 정도
A	무첨가		
B	된장 2Ts		
C	된장 2Ts, 전분 2ts		

〈문제〉

(1) 두부내부의 기공이 가장 작은 시료는 어느 것이며 이유는 무엇인가?

(2) 두부찌개나 국을 끓일 때, 두부를 넣어야하는 시점과 그 이유를 설명하시오.

(3) 두부김치를 만들 때 두부를 부드럽게 조리하려면 어떻게 해야 하는가?

실험 15 조리방법에 따른 육수의 품질 비교

육류의 조리방법은 육류의 부위에 따라 적절히 선택하는 것이 바람직하며, 육류를 조리하는 방법은 건열조리와 습열조리로 크게 구분할 수 있다. 건열조리는 불고기나 스테이크, 로스트처럼 물을 사용하지 않고 직접적 또는 간접적으로 열을 가하여 조리하는 방법으로 연한 부위의 육류에 적합하다. 습열조리란 곰국이나 설렁탕 및 스튜처럼 물을 사용하여 고기를 익히는 조리방법으로, 습열조리 때에는 결체조직인 콜라겐이 젤라틴으로 변화되어 연화되므로 질긴 부위의 고기에 적당하다.

습열조리의 경우도 고기를 먹기 위한 경우와 국물을 먹기 위한 경우로 나눌 수 있다. 우선 고기를 먹기 위한 습열조리의 대표적인 것은 각종 수육 또는 편육, 그리고 장조림 등을 들 수 있는데 이러한 경우에는 끓는 물에 고기를 넣어 고기의 표면 단백질이 열에 의해 응고되어 육즙이 물에 용출되지 못하도록 함으로서 맛있는 고기를 먹을 수 있다.

한편 국물을 먹기 위한 습열조리는 탕이나 국 및 수프 등이 있으며, 고기를 냉수에 넣어서 끓이면 고기의 육즙이 용출되어 국물이 맛있게 된다. 이때 소량의 소금을 첨가하면 단백질이 용해되는 것을 도와주기 때문에 한층 국물의 맛을 낼 수 있다. 국물을 주로 먹는 조리방법을 이용할 경우 주로 이용되는 부위로는 양지육, 사태육, 꼬리와 장정육, 업진육, 중치육 등이 있다.

단시간에 국물의 맛을 내려고 할 때에는 고기의 표면적을 가능한 한 크게 하면 표면적이 넓어져서 육즙이 용출량이 많아지므로 짧은 시간에 맛을 낼 수 있다. 조리하는 과정에서 형성되는 거품은, 자꾸 끓어 넘치게 하면 외관상 좋지 못하므로 걷어내면서 끓이는 것이 좋다.

조리할 때 국물에 용출되는 성분은 수용성 단백질과 지질, 무기질, 젤라틴, 유리 아미노산, 펩타이드(peptides), 핵산물질(nucleotides), 유기산, 당 등이 있으며 이들에 의하여 국물의 맛이 나게 된다. 뼈를 이용하여 설렁탕이나 곰국을 끓일 때는 국물이 뽀얗게 되는데, 이는 뼈에서 우러나온 인지질(phospholipid)이 유화 현상을 일으켰기 때문이다.

〈목적〉

육수를 끓일 때 고기를 조리하는 물의 온도와 조리시간에 따라 육수의 품질을 비교함으로서 적합한 육수제조 방법을 알아본다.

〈재료 및 분량〉

쇠고기(양지머리) 300g, 소금 1작은술

〈기구 및 기기〉

시험관 9개, 계량컵, 냄비, 전자저울 , 일반조리기구

〈방법〉

(1) 양지머리 300g을 섬유와 직각이 되도록 2×2×2cm로 자른다.

주의

자른 고기의 크기는 모두 일정하게 한다.

(2) 바닥이 깊은 냄비에 4컵의 물을 넣는다.

(3) 다음과 같은 방법으로 육수를 만들기 위해 중불로 조리를 시작한다.

A : 찬물 4컵, 양지머리 100g

B : 끓는물 4컵, 양지머리 100g

C : 찬물 4컵, 소금 1작은술, 양지머리 100g

주의

- 고기국물이 넘칠 수 있으므로 뚜껑을 조금 열어두는 것이 좋다.
- 끓이면서 생기는 거품은 걷어내는 것이 좋다.

(4) 가열시간이 30분이 되면 고기 2조각과 육수 50mL를 꺼낸다.

(5) 꺼낸 육수 중 10mL는 시험관에 넣어서 탁한 정도를 평가한다.

주의

덜어낸 육수는 모두 시험관에 담아 한꺼번에 관찰하는 것이 좋다.

(6) 나머지 국물을 40mL에 적당히 소금 간을 하여 관능평가 한다.

(7) 꺼낸 고기는 고기의 풀린 정도를 관찰하고 적당히 소금 간을 하여 관능평가 한다.

(8) 60분과 90분이 되면 (4)~(7)을 반복하여 실시한다.

참고

쇠고기는 양지머리나 사태를 선택하여 실험한다.

플로차트(Flow chart : 흐름도)

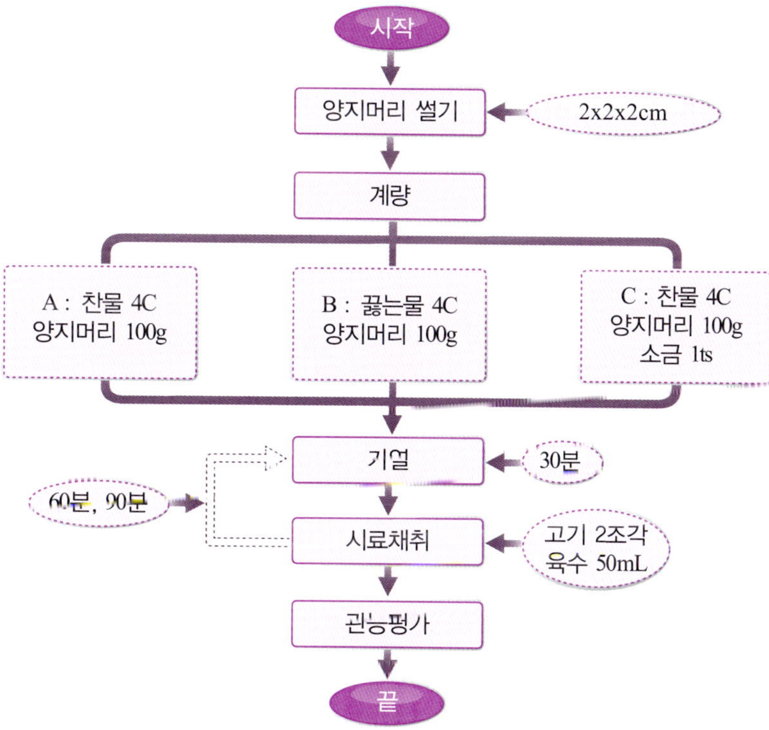

〈결과〉

구분	조건		국물		고기	
			탁한 정도	맛	풀린 정도	맛
A	찬물	30분				
		60분				
		90분				
B	끓는 물	30분				
		60분				
		90분				
C	찬물 소금 1ts	30분				
		60분				
		90분				

〈문제〉

(1) 가장 맛있는 육수는 무엇이며, 그 이유는 무엇인가?

(2) 소금을 넣으면 육수는 어떻게 달라지는가?

(3) 국물의 탁도는 시간 경과에 따라 어떻게 변화하는가?

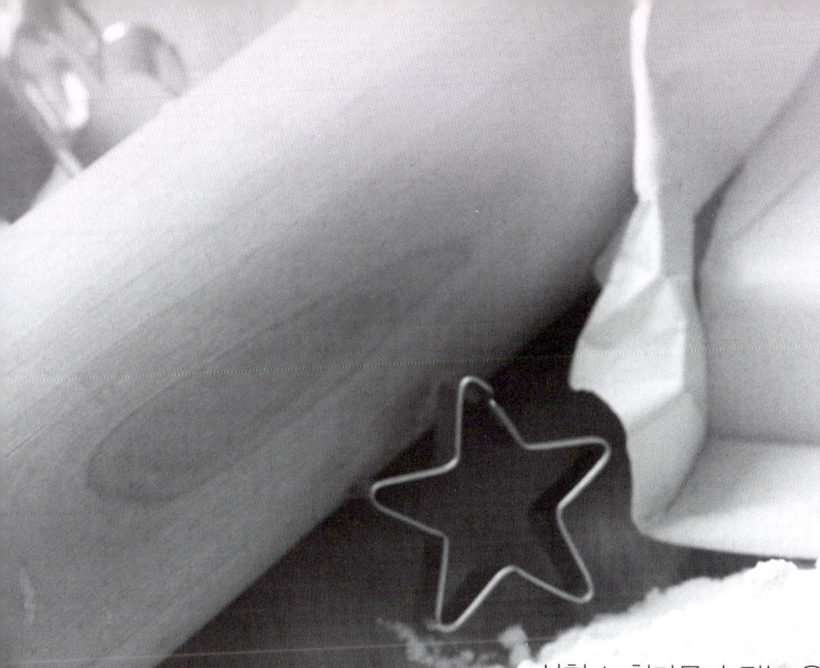

Chapter 4 외국 조리

실험 1. 첨가물과 젓는 온도에 따른 폰던트의 질감 비교
2. 첨가물의 종류에 따른 캐러멜의 질감 비교
3. 재료 및 젓는 횟수에 따른 머핀의 품질 비교
4. 밀가루의 종류에 따른 스펀지케이크의 품질 비교
5. 재료의 비율 및 혼합방법을 달리한 화이트소스의 특성 비교
6. 우유의 종류 및 재료의 함량을 달리한 푸딩의 특성 비교
7. 우유의 종류를 달리한 요거트의 품질 비교
8. 가열 정도에 따른 비프 스테이크의 특성 비교
9. 재료 배합을 달리한 햄버거 패티의 특성 비교
10. 소금 첨가량에 따른 어묵의 품질 비교
11. 조리수 pH에 따른 포치드 에그의 품질 비교
12. 첨가물을 달리한 머랭의 안정성 비교
13. 튀김옷에 의한 튀김의 품질 비교
14. 지방함량을 달리한 애플파이의 쇼트닝 효과 비교
15. 재료 배합을 달리한 마요네즈의 품질 비교
16. 설탕 첨가량에 따른 펙틴젤리의 품질 비교
17. 당의 종류와 레몬즙 첨가에 따른 딸기잼 품질 비교
18. 겨자즙의 표준화
19. 초고추장의 표준화
20. 물의 양이 밥 짓기에 미치는 영향
21. 쌀알의 크기에 따른 죽의 기호도 비교
22. 쌀가루 첨가량 및 반죽 물의 온도에 따른 경단의 질감 비교
23. 수분 및 설탕의 양에 따른 백설기 질감 비교
24. 전분의 종류에 따른 과편의 질감 비교
25. 젤라틴의 응고 특성 비교

실험 1 첨가물과 젓는 온도에 따른 폰던트의 질감 비교

당류는 단당류, 이당류, 꿀, 콘시럽, 올리고당 등 단맛을 내는 탄수화물로 용해도가 높으며 결정 상태를 만들어 사용하기도 한다. 당류의 첨가는 단맛을 주는 것 외에 조리과정 중 용해, 결정성, 갈색화, 흡습성, 발효, 보존성 등 물리적 · 화학적 변화에 관여한다.

당류의 용해도

용해도란 주어진 용매에 녹을 수 있는 용질의 최대농도이며, 온도의 영향을 받으므로 특정온도에서 용액 100g 중에 녹을 수 있는 용질의 양을 말한다. 용해도는 온도가 높아질수록 증가하는데 설탕의 경우 0°C에서는 64%이나 100°C에서는 83%로 증가한다. 가열된 설탕포화용액을 냉각하게 되면 용해도의 차이에 의해 과포화용액이 되고, 과포화 상태가 되면 매우 불안정하기 때문에 작은 충격에도 쉽게 결정화가 일어난다.

설탕의 결정형성에 영향을 주는 요인

가열된 설탕용액을 냉각하면 용해도가 낮아지며 과포화상태의 설탕이 결정으로 석출된다. 결정화가 일어날 때 용해되어 있는 물질 2~3개의 분자가 서로 붙어 미세한 덩어리를 형성하여 핵이 형성되며 핵을 중심으로 일정한 모양의 결정이 생성된다. 용액 중에 미세한 이물질이 존재하면 이것이 핵으로 되어 결정형성이 촉진된다.

이러한 결정화 성질을 이용한 캔디를 결정형 캔디라고 하며 폰던트(fondant), 퍼지(fudge), 디비니티(divinity) 등이 있다. 폰던트는 설탕용액을 112°C~115°C까지 가열하다 40°C로 냉각하여 저으면서 생성된 작은 결정으로 이루어진 캔디이다.

설탕용액의 결정형성에 영향을 주는 요인은 다음과 같다.

① 설탕의 농도 : 설탕용액의 농도가 높으면 핵이 더 많아지므로 결정의 크기가 작고 결정이 많이 생긴다.

② 식히는 온도 : 설탕용액을 가열한 후 일정한 온도로 냉각하면 과포화용액이 형성된다. 결정을 형성하기 위해 빠른 속도로 저어주어야 결정이 생기게 된다. 이 과정에서 젓기 시작하는 온도가 높으면 과포화정도가 낮으므로 핵의 수가 적고, 결정의 수가 적어지므로 결정의 크기는 거칠고 커지게 된다. 젓기 시작하는 온도가 낮으면 과포화정도가 높으므로 핵이 많아지고 작고 부드러운 결정을 얻게 된다.

③ 젓는 속도 : 젓는 속도가 빠르면 작은 결정이 생기고 서서히 저으면 큰 결정이 생긴다.

④ 결정방해물질 : 설탕용액에 다른 물질을 소량 첨가하면 결정형성을 방해하게 되므로 결정이 매우 작고 부드럽게 된다. 이는 성장하고 있는 결정표면에 이물질이 흡착하여 결정을 방해하기 때문이다. 결정방해물질로는 포도당, 전화당, 꿀, 시럽, 우유, 생크림, 버터, 난백, 젤라틴, 한천, 유기산, 초콜릿 등이 있으며 방해물질을 과량 첨가할 경우에는 결정이 생성되지 않는데 이를 이용하여 비결정형 캔디를 만든다.

〈목적〉

결정형 캔디인 폰던트를 제조할 때에 냉각 온도 및 여러 가지 첨가물이 폰던트의 생성에 어떠한 영향을 미치는지 알아본다.

〈재료 및 분량〉

설탕 2컵, 물 $\frac{1}{2}$컵, 물엿 1큰술

〈기구 및 기기〉

소스 팬 4개, 접시 4개, 볼 4개, 200°C 온도계, 나무주걱 4개, 계량컵, 계량스푼, 타이머, 일반조리기구

〈방법〉

(1) 두껍고 작은 소스 팬에 아래의 A, B, C, D 시료를 각각 담아 저어서 섞어 놓는다.

A : 설탕 $\frac{1}{2}$컵, 물 $\frac{1}{4}$컵

B : 설탕 $\frac{1}{2}$컵, 물 $\frac{1}{4}$컵

C : 설탕 $\frac{1}{2}$컵, 물 $\frac{1}{4}$컵, 물엿 $\frac{1}{2}$큰술

D : 설탕 $\frac{1}{2}$컵, 물 $\frac{1}{4}$컵, 물엿 $\frac{1}{2}$큰술

(2) 가열하면서 온도를 측정하여 113°C가 되면 불을 끄고 각 시료를 볼에 부어 식힌다.

주의

가열하면서 젓지 말고 113°C까지 끓인다.

(3) 시료 A, C는 각각 70°C, B, D는 40°C까지 식으면 나무주걱을 이용하여 일정한 속도로 빠르게 저어서 폰던트를 만든 다음, 접시에 담고 이때 소요된 시간을 측정한다.

주의

- 볼에 부을 때 소스 팬에 붙은 것을 떼지 않고 주의해서 붓는다.
- 소요시간은 시럽상태의 용액이 하얗게 굳어질 듯 엉기게 될 때까지의 시간을 측정한다.

(4) 직경 1~1.5cm의 작은 캔디볼 모양을 만들어 접시에 담아 색, 맛, 질감을 평가한다.

플로차트(Flow chart : 흐름도)

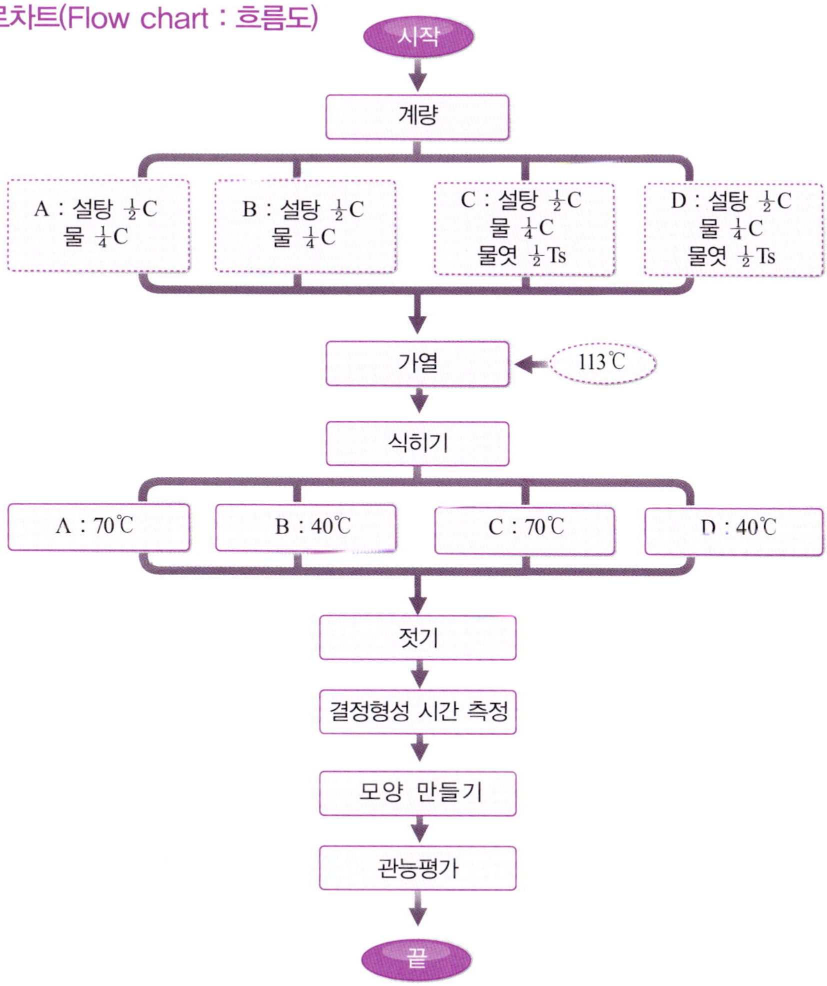

〈결과〉

구분	조건	냉각온도(℃)	소요시간(초)	관능평가		
				색	결정입자의 질감	기호도(순위)
A	설탕 $\frac{1}{2}$C	70				
B	설탕 $\frac{1}{2}$C	40				
C	설탕 $\frac{1}{2}$C, 물엿 $\frac{1}{2}$Ts	70				
D	설탕 $\frac{1}{2}$C, 물엿 $\frac{1}{2}$Ts	40				

〈문제〉

(1) 시럽을 만들 때 젓지 않아야 되는 이유는 무엇인가?

(2) 이 실험에서 물엿을 첨가한 폰던트의 질감이 다른 이유는 무엇인가?

(3) 콘시럽, 조청, 엿의 차이를 설명하시오.

실험 2 첨가물의 종류에 따른 캐러멜의 질감 비교

순수한 설탕을 고온으로 가열하면 무색의 액체로부터 색이 진해져 점점 갈색으로 변하게 된다. 이 과정에서는 설탕이 탈수되면서 매우 복잡한 과정을 거쳐 독특한 색과 맛을 내게 되며 이를 캐러멜화(caramelization)라고 한다. 이러한 성질을 이용하여 설탕용액을 118°C 이상 고온으로 가열한 후 냉각하면서 결정형성을 방해하는 물질을 첨가하면 비결정형 캔디를 만들 수 있다.

또한 설탕이나 전분을 단백질과 함께 가열하면 또 다른 형태의 화학반응이 일어나는 데 이것은 마이야르(Maillard) 반응으로 설탕분자의 알데히드 그룹과 단백질의 아미노 그룹이 만나 화학반응을 거쳐 갈색의 중합체가 형성되는 것이다. 비결정형 캔디를 만들 때 첨가하는 결정방해물질에 단백질의 아미노 그룹이 있을 경우 캐러멜 반응과 마이야르 반응이 모두 일어날 수 있다.

비결정형 캔디는 무정형 캔디라고도 하며 종류로는 캐러멜(caramel), 태피(taffy), 브리틀(brittle), 누가(nougat), 버터스카치(butter scotch), 마시멜로우(mashmellow), 구미(gummy) 등이 있다.

결정형 캔디의 조리온도는 폰던트, 퍼지가 112~115°C인데 반하여 비결정형 캔디의 최종 조리온도는 캐러멜이 118~121°C, 태피가 132~143°C로 결정형 캔디보다 높은 편이다. 비결정형 캔디를 만들려면 가열할 때 균일하게 저어 주어 눌어붙지 않도록 하며, 깊은 용기를 사용하여 끓어 넘치지 않도록 해야 한다.

〈목적〉

캔디를 제조할 때의 결정화방지물질의 종류와 첨가방법에 따른 차이를 알아본다.

〈재료 및 분량〉

설탕 2컵 , 물엿 1컵, 버터 2큰술, 우유 1 $\frac{1}{2}$컵, 생크림 $\frac{3}{4}$컵, 초콜릿 15g, 소금 $\frac{1}{2}$작은술, 버터 약간(성형틀에 바르는 용도)

〈기구 및 기기〉

소스 팬 2개, 200°C 온도계 2개, 계량컵, 계량스푼, 전자저울, 일반 조리기구

〈방법〉

(1) 시료를 다음과 같이 계량하여 준비한다.

A : 설탕 $\frac{1}{2}$컵, 물엿 $\frac{1}{4}$컵, 버터 $\frac{1}{2}$큰술, 물 $\frac{3}{4}$컵, 소금 $\frac{1}{8}$작은술

B : 설탕 $\frac{1}{2}$컵, 물엿 $\frac{1}{4}$컵, 버터 $\frac{1}{2}$큰술, 우유 $\frac{3}{4}$컵, 소금 $\frac{1}{8}$작은술

C : 설탕 $\frac{1}{2}$컵, 물엿 $\frac{1}{4}$컵, 버터 $\frac{1}{2}$큰술, 생크림 $\frac{3}{4}$컵, 소금 $\frac{1}{8}$작은술

D : 설탕 $\frac{1}{2}$컵, 물엿 $\frac{1}{4}$컵, 버터 $\frac{1}{2}$큰술, 우유 $\frac{3}{4}$컵, 초콜릿 15g, 소금 $\frac{1}{8}$작은술

주의

$\frac{1}{8}$작은술을 계량하기 어려우므로 $\frac{1}{4}$작은술을 이용하여 먼저 계량한 다음 그 분량을 다시 반으로 나누어 계량할 수 있다.

(2) 각 조건의 시료를 소스 팬에 넣고 눌지 않도록 저어주면서 121°C 까지 가열한다.

(3) 버터를 바른 성형 틀에 담아 굳힌다.

주의

캐러멜을 분리하기 쉽게 하기 위해 완전히 식기 전에 칼금을 내어 놓는다.

(4) 완전히 식은 후 A, B, C, D 캔디를 비교하여 결과표에 작성한다.

플로차트(Flow chart : 흐름도)

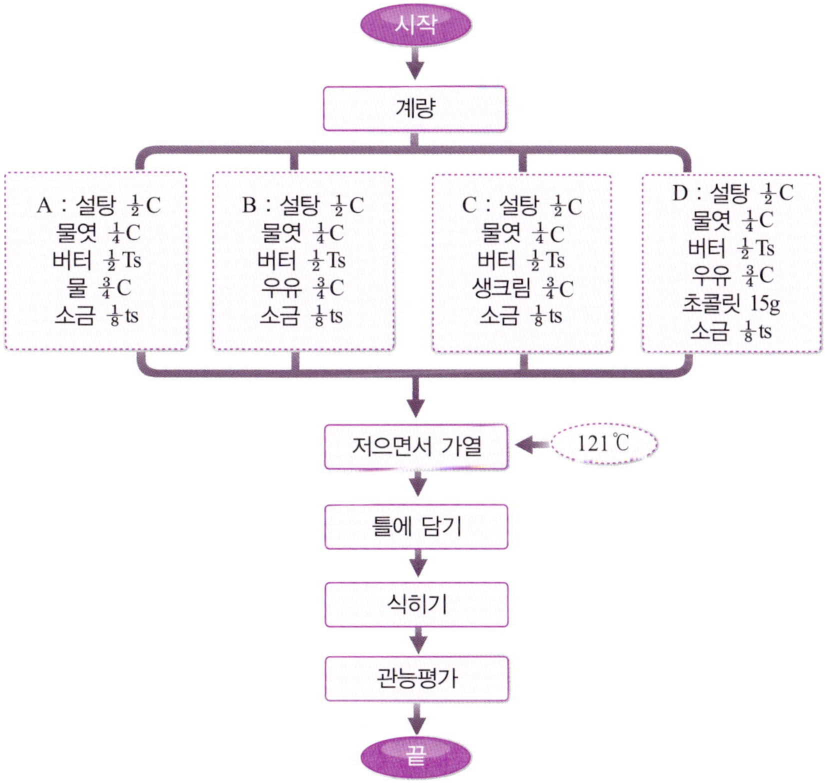

〈결과〉

구분	조건	색	단단함	기호도(순위)
A	물 $\frac{3}{4}$C			
B	우유 $\frac{3}{4}$C			
C	생크림 $\frac{3}{4}$C			
D	우유 $\frac{3}{4}$C 초콜릿 15g			

〈문제〉

(1) 이 실험에서 설탕의 결정화를 가장 방해한 첨가물은 무엇인가?

(2) 캐러멜 반응을 이용한 음식은 어떤 것들이 있는가?

(3) 시중에 판매되는 캐러멜소스는 무엇으로 만들어지는가?

실험 3 재료 및 젓는 횟수에 따른 머핀의 품질 비교

머핀(muffin)은 서양에서 아침식사나 간식으로 주로 먹는 음식으로 밀가루, 설탕, 달걀, 유지, 우유, 베이킹파우더 등을 재료로 사용한다. 또한 과일, 너트, 초콜릿, 치즈 등의 재료를 첨가하여 다양한 머핀을 만들 수 있다.

베이킹파우더는 베이킹소다를 사용했을 때 남게 되는 알칼리를 중화할 수 있도록 산을 함유하고 있어 베이킹소다의 단점을 보완할 수 있으며 밀가루의 3~4% 정도의 비율로 밀가루와 함께 체로 쳐서 사용한다. 밀가루 반죽의 성질은 글루텐의 함량 뿐 아니라 반죽에 첨가되는 부재료에 따라 영향을 받게 되는데 반죽에 영향을 미치는 부재료는 다음과 같다.

팽창제

팽창제의 종류는 이산화탄소, 공기, 증기 등이 있으며 팽창제에 의해 생성된 기체는 가열함에 따라 반죽을 부풀게 한다. 생물적 팽창제로는 이스트(yeast)가 있으며 화학적 팽창제로는 베이킹소다(중조, baking soda), 베이킹파우더(baking powder)가 있다.

지방

지방은 글루텐표면에 지방의 얇은 막을 형성하여 글루텐의 형성을 억제하여 연화(shortening) 작용을 한다. 따라서 글루텐이 서로 부착되지 않아 제품에 바삭한 느낌을 준다. 이러한 성질을 이용하여 버터, 마가린, 쇼트닝 등을 첨가하여 층이 있는 페이스트리나 파이반죽을 만든다. 또한 버터와 같은 고체 지방은 크리밍(creaming)성질이 있어 반죽에 공기를 함유하게 하여 반죽을 부풀릴 수 있는 팽창제의 역할을 담당하기도 한다.

달걀

난백은 거품을 내면 공기를 반죽에 포함시켜 부풀게 한다. 또한 달걀 단백질은 열응고성이 있어 반죽의 형태를 단단하게 하는 효과가 있으나 많이 사용하면 반죽이 질겨진다.

설탕

설탕은 단맛과 함께 이스트를 사용한 제품에서 이스트의 성장을 도와 이산화탄소를 생성하도록 한다. 또한 캐러멜화(caramelization)를 통해 제품에 갈색과 향미를 주며 글루텐의 연화작용을 한다.

소금

소량의 소금은 글루텐의 강도를 높이는 효과가 있으며 이스트를 사용할 때 이스트의 발효작용을 억제하여 기체생성 반응을 조절할 수 있다.

수분

반죽에 첨가하는 물, 우유, 달걀, 과일주스의 수분은 글루텐의 형성을 돕고 가열되면서 수증기를 발생시켜 팽창제의 역할을 한다. 팝오버(popover)나 슈크림의 슈(choux)는 수증기로 부풀게 한 제품이다. 또한 수분은 베이킹소다나 베이킹파우더의 반응을 촉진시킨다.

머핀의 반죽을 지나치게 젓게 되면 글루텐의 형성으로 질감이 질겨지고 기공이 고르지 못하게 된다. 또한 팬에 반죽을 부을 때는 천천히 부은 다음 바닥에 팬을 살짝 몇 번 떨어뜨리면 공기가 들어간 큰 구멍이 생기는 것을 막을 수 있다.

〈목적〉

베이킹파우더 분량 및 젓는 횟수를 달리하여 품질이 좋은 머핀을 만드는 원리를 이해한다.

〈재료 및 분량〉

밀가루 4컵, 달걀 2개, 우유 2컵, 소금 $\frac{1}{2}$작은술, 기름 8큰술, 설탕 8큰술, 베이킹파우더 6작은술

〈기구 및 기기〉

계량컵, 계량스푼, 유산지컵 24개, 머핀 팬(컵 6개 들어가는 틀) 4개, 체, 전자저울, 오븐, 일반 조리기구

〈방법〉

(1) 오븐을 200°C로 예열하고 머핀 팬에 유산지 컵을 넣어 준비한다.

(2) 다음 각 조건의 재료를 준비한다.

A : 밀가루 1컵, 달걀 $\frac{1}{2}$개, 우유 $\frac{1}{2}$컵, 소금 $\frac{1}{8}$작은술, 식용유 2큰술, 설탕 2큰술, 베이킹파우더 1작은술

B : 밀가루 1컵, 달걀 $\frac{1}{2}$개, 우유 $\frac{1}{2}$컵, 소금 $\frac{1}{8}$작은술, 식용유 2큰술, 설탕 2큰술, 베이킹파우더 3작은술

C : 밀가루 1컵, 달걀 $\frac{1}{2}$개, 우유 $\frac{1}{2}$컵, 소금 $\frac{1}{8}$작은술, 식용유 2큰술, 설탕 2큰술, 베이킹파우더 1작은술

D : 밀가루 1컵, 달걀 $\frac{1}{2}$개, 우유 $\frac{1}{2}$컵, 소금 $\frac{1}{8}$작은술, 식용유 2큰술, 설탕 2큰술, 베이킹파우더 1작은술

(3) 각 처리군의 밀가루, 베이킹파우더, 소금을 섞어 체에 두 번 내린다.

(4) 다른 볼에 달걀, 설탕, 우유, 식용유를 거품기로 섞은 후, (3)의 체친 가루를 넣어 각 처리군 별로 젓는 횟수를 달리하여 섞는다.

A : 20회

B : 20회

C : 40회

D : 80회

(5) 틀에 넣은 유산지컵에 반죽을 $\frac{2}{3}$정도 담는다.

(6) 200°C에서 15~20분간 구워서 표면이 황갈색이 되면 오븐에서 꺼내어 식힌다.

주의

- 오븐을 사용할 때에는 항상 예열하여야 하며 케이크를 굽는 초기에는 오븐 문을 열지 않도록 한다. 오븐 문을 열면 굽는 초기에 반죽의 응고가 아직 일어나지 않은 상태에서 온도가 낮아지면서 기체의 부피가 감소되고 부풀던 머핀이 가라앉게 된다.
- 꼬치로 찔러 보아 반죽이 묻어나지 않으면 다 구워진 것으로 판단한다.

(7) 완성된 머핀이 완전히 식은 후 비교하여 평가한다.

플로차트(Flow chart : 흐름도)

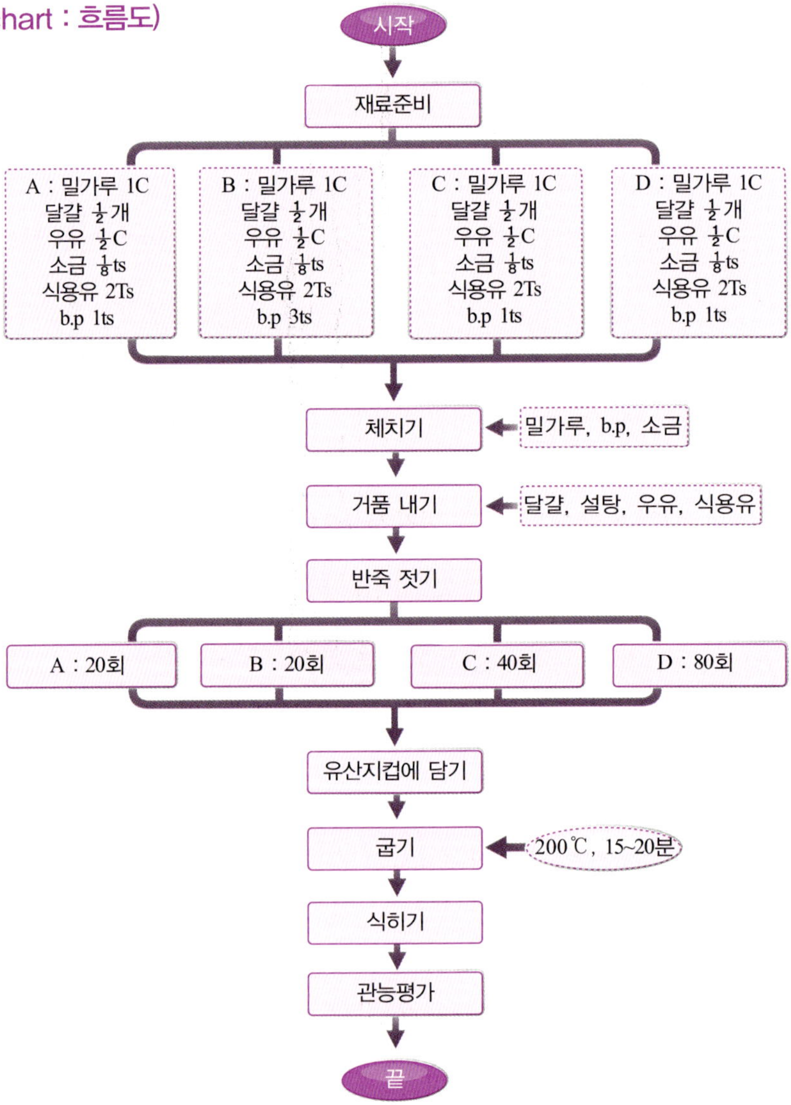

〈결과〉

구분	조건		외관 및 크기	질감	기호도(순위)
	베이킹파우더	젓는 횟수			
A	1ts	20			
B	3ts	20			
C	1ts	40			
D	1ts	80			

〈문제〉

(1) 베이킹파우더를 적정량 이상 첨가하였을 때 나타나는 현상은 무엇인가?

(2) 베이킹파우더를 첨가한 밀가루 반죽을 필요 이상으로 저으면 어떤 결과가 나타나는가?

(3) 여러 가지 부재료를 첨가한 머핀의 종류에는 어떤 것들이 있는가?

실험 4 밀가루의 종류에 따른 스펀지케이크의 품질 비교

밀가루에 물을 넣고 반죽하면 밀의 글리아딘(gliadin)과 글루테닌(glutenin) 단백질이 3차원 망상 구조를 지닌 글루텐(gluten)을 형성하게 된다. 빵이나 케이크를 만들 때 반죽에 첨가한 팽창제에서 발생한 기체는 온도가 상승되면서 부피가 팽창하게 된다. 탄력성과 점성을 지닌 글루텐의 망상 구조는 발생된 기체를 보유하면서 구조가 응고될 때까지 늘어나게 된다. 이러한 성질은 글루텐 함량에 따라 다른 특성을 주게 되므로 만드는 제품의 종류에 따라 글루텐의 함량이 다른 밀가루를 선택하여야 한다.

〈목적〉

스펀지케이크를 만들 때 밀가루의 종류에 따른 질감의 차이를 알아본다.

〈재료 및 분량〉

강력분 60g, 중력분 60g, 박력분 60g, 달걀 6개, 꿀 30g, 설탕 210g, 우유 60g, 무염버터 45g

〈기구 및 기기〉

볼 2개(작은 것, 큰 것), 거품기, 계량컵, 계량스푼, 고무주걱, 유산지, 케이크틀(지름 15cm) 3개, 전자저울, 오븐, 일반조리기구

〈방법〉

(1) 시료를 각 조건에 따라 계량한다.

A : 강력분 60g, 달걀 2개, 꿀 10g, 설탕 70g, 우유 20g, 무염버터 15g

B : 중력분 60g, 달걀 2개, 꿀 10g, 설탕 70g, 우유 20g, 무염버터 15g

C : 박력분 60g, 달걀 2개, 꿀 10g, 설탕 70g, 우유 20g, 무염버터 15g

(2) 밀가루는 체쳐 놓는다.

(3) 작은 볼에 버터와 우유를 넣어 중탕으로 녹인다

(4) 큰 볼에 달걀, 설탕, 꿀을 넣고 거품기로 단단한 거품을 낸다.

주의

약 2배 정도 부피의 미색 크림상태가 될 때까지 거품을 내며 겨울에는 중탕으로 열을 가해 온도를 30~40°C정도로 높이면 거품이 더 잘 일어난다.

(5) 거품 낸 큰 볼의 반죽(4)에 체친 밀가루를 넣고 거품이 꺼지지 않도록 가볍게 섞는다.

(6) 밀가루를 넣은 반죽(5)에 작은 볼의 중탕한 버터, 우유를 가볍게 섞는다.

주의

거품을 최대한 유지하기 위해 이 과정에서 밀가루 반죽 반 컵 정도를 덜어내어 작은 볼의 중탕한 버터, 우유와 미리 섞어 혼합물을 만든 다음 (5)의 남은 반죽에 가볍게 섞으면 거품이 꺼지는 것을 어느 정도 막을 수 있다.

(7) 완성된 반죽을 유산지를 깐 케이크틀에 넣고 180°C로 예열한 오븐에서 15분 굽는다.

주의

- 오븐을 사용할 때에는 항상 예열하여야 하며 케이크를 굽는 초기에는 오븐 문을 열지 않도록 한다. 오븐 문을 열면 굽는 초기에 반죽의 응고가 아직 일어나지 않은 상태에서 온도가 낮아지면서 기체의 부피가 감소되고 부풀던 케이크가 가라앉게 된다.
- 꼬치를 찔러 보아 반죽이 묻어나지 않으면 다 구워진 것으로 판단한다.

(8) 완성된 스펀지케이크가 완전히 식은 후 비교하여 평가한다.

주의

스펀지케이크를 식힐 때 뒤집어서 식히면 가운데 부분이 꺼지는 것을 방지할 수 있다.

플로차트(Flow chart : 흐름도)

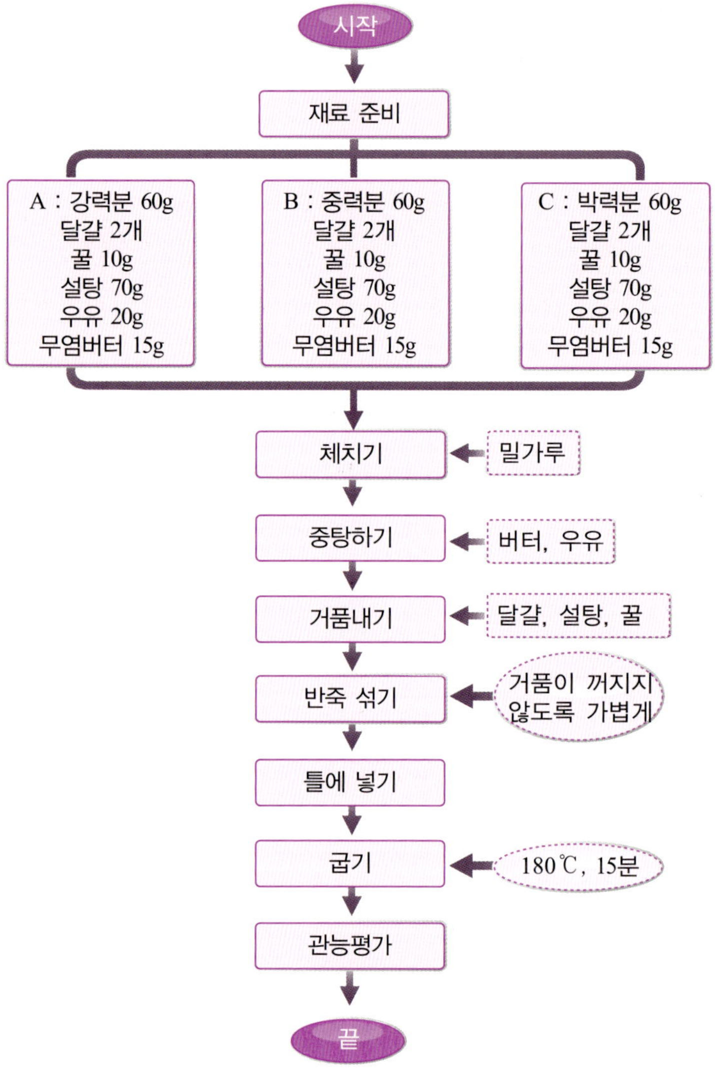

〈결과〉

구분	조건	외관 및 크기	질감	기호도(순위)
A	강력분 60g			
B	중력분 60g			
C	박력분 60g			

〈문제〉

(1) 이 실험에서 스펀지케이크의 질감이 가장 우수한 조건은 무엇인가?

(2) 베이킹소다를 넣은 반죽을 구웠을 때 노르스름한 색을 띠게 되는 이유는 무엇인가?

(3) 베이킹소다와 베이킹파우더의 차이는 무엇인가?

실험 5 재료의 비율 및 혼합방법을 달리한 화이트소스의 특성 비교

소스(Sauce)는 '소금 친(Salted)' 이라는 뜻의 라틴어 'Salsa' 에서 유래되었다고 하며 서양음식에서 맛을 돋우기 위해 사용된다. 브라운소스와 화이트소스는 서양요리의 기본소스라고 할 수 있다. 이 중 색과 맛이 짙은 브라운소스는 육류요리에, 흰색의 화이트소스는 생선이나 파스타에 즐겨 쓴다. 이들 소스를 만들 때는 밀가루 버터를 볶은 루우(roux)가 이용되는데, 브라운소스는 오래도록 볶아 갈색이 난 루우(brown roux)를, 화이트소스는 살짝 볶은 흰색 루우(white roux)를 각각 육수에 섞어 끓이면 된다. 화이트소스는 밀가루와 버터를 볶다가 우유나 스톡을 첨가하여 루우를 녹인다. 이러한 호화과정을 거쳐 화이트소스를 만드는데 이때 밀가루, 버터, 우유의 비율을 달리하면 농도가 다른 소스를 만들 수 있다.

〈목적〉

재료를 혼합하는 방법과 재료의 함량을 달리하여 조리한 화이트소스의 특성을 비교한다.

〈재료 및 분량〉

밀가루 60g, 버터 60g, 우유 2컵, 탈지우유 2컵, 소금 1작은술

〈기구 및 기기〉

소스팬, 계량스푼, 계량컵, 나무주걱, 전자저울, 일반 조리 기구

〈방법〉

(1) A, B, C, D의 재료를 준비한다.

A : 버터 15g 밀가루 15g 소금 $\frac{1}{4}$작은술, 우유 1컵

B : 버터 15g 밀가루 15g 소금 $\frac{1}{4}$작은술, 탈지우유 1컵

C : 버터 15g 밀가루 15g 소금 $\frac{1}{4}$작은술, 우유 1컵

D : 버터 15g 밀가루 15g 소금 $\frac{1}{4}$작은술, 탈지우유 1컵

(2) A, B는 소스 팬에 버터를 녹인 후 밀가루를 넣어 천천히 가열하며 볶는다.

(3) (2)에 우유 또는 탈지우유 1컵, 소금을 넣으면서 계속 젓는다.

(4) 되직해질 때까지 약한 불에서 5분간 가열하면서 천천히 저어준다.

(5) C와 D는 찬 우유 또는 찬 탈지우유 $\frac{1}{4}$컵에 밀가루를 먼저 풀어 풀처럼 만든다.

(6) 소스 팬에 나머지 우유 또는 탈지우유 $\frac{3}{4}$컵과 버터를 넣고 천천히 가열한다.

(7) (6)의 뜨거운 우유 일부분을 (4)에서 만든 밀가루 풀에 넣으며 잘 섞는다.

(8) (7)을 나머지 뜨거운 우유에 넣어 계속 저으면서 소금을 넣고 되직해질 때까지 약한 불에서 5분간 가열하면서 천천히 저어준다.

(9) 완성된 소스를 비교하여 평가한다.

플로차트(Flow chart : 흐름도)

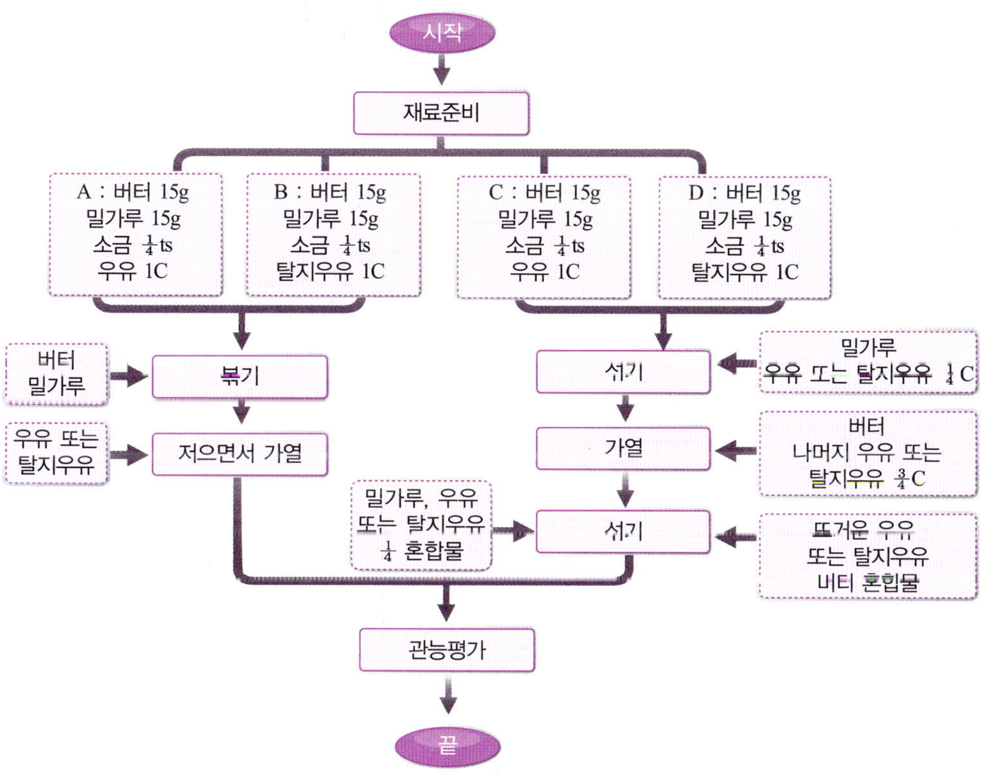

〈결과〉

구분	조건		색	점도	기호도(순위)
	우유 종류	방법			
A	우유 1C	버터, 밀가루 먼저 볶기			
B	탈지우유 1C	버터, 밀가루 먼저 볶기			
C	우유 1C	우유, 밀가루 먼저 섞기			
D	탈지우유 1C	우유, 밀가루 먼저 섞기			

〈문제〉

(1) 화이트소스를 만들 때에 버터와 밀가루를 볶은 후 우유를 넣는 이유는 무엇인가?

(2) 우유 대신 탈지우유를 사용했을 경우에 나타나는 차이는 무엇 때문인가?

실험 6 우유의 종류 및 재료의 함량을 달리한 푸딩의 특성 비교

서양음식의 후식 종류인 푸딩은 달걀, 설탕, 우유, 전분 등을 섞어 걸쭉하게 만든 디저트이다. 푸딩을 만들 때는 전분이 덩어리지지 않게 하기 위하여 설탕을 먼저 전분과 고루 섞고 나중에 뜨거운 액체를 부어 가열한다.

푸딩 종류는 매우 많고, 만드는 방법도 다양하나 달걀, 설탕, 우유를 주재료로 한 커스터드 푸딩이 기본이다. 그 밖에 육류, 과일, 야채, 빵, 견과류 등을 섞어 만들기도 한다. 굽는 방법은 오븐 팬에 물을 붓고 중탕으로 오븐에 굽는 것이 가장 일반적이며, 찜통에 쪄도 된다. 찜통에 찔 때는 찜통에 물을 붓고 끓인 다음, 푸딩 반죽이 담긴 틀을 넣고 면보를 뚜껑에 싸 물방울이 반죽에 떨어지지 않도록 한다.

푸딩재료로 달걀과 우유의 비율은 1:1.5~2가 적당하며, 달걀의 양이 많으면 푸딩 특유의 부드러움이 없어지고, 우유의 양이 많으면 잘 굳지 않는다. 푸딩은 달걀의 단백질이 열에 굳는 성질을 이용하여 만드는 것이므로 신선한 달걀을 사용하는 것이 중요한데, 달걀이 오래되면 될수록 굳는 힘이 약해진다.

〈목적〉

우유의 종류 및 재료의 함량을 달리하여 조리된 푸딩의 질감을 비교한다.

〈재료 및 분량〉

우유 2컵, 탈지우유 2컵, 전분 12큰술, 코코아 8큰술, 설탕 8작은술, 바닐라향 약간

〈기구 및 기기〉

계량컵, 계량스푼, 푸딩틀 4개, 소스팬 4개, 중탕용 큰 냄비, 타이머, 일반조리기구

〈방법〉

(1) 각 조건의 재료를 준비한다.

A : 우유 1컵, 전분 2큰술, 코코아 2큰술, 설탕 2작은술

B : 우유 1컵, 전분 4큰술, 코코아 2큰술, 설탕 2작은술

C : 탈지우유 1컵, 전분 2큰술, 코코아 2큰술, 설탕 2작은술

D : 탈지우유 1컵, 전분 4큰술, 코코아 2큰술, 설탕 2작은술

(2) 전분, 코코아, 설탕을 소스 팬에 넣고 잘 섞는다.

(3) 우유를 붓고 잘 저은 후 뚜껑을 덮어 중탕으로 가열한다.

(4) 가끔씩 저으면서 약 10분간 가열한다.

(5) 불을 끄고 푸딩에 바닐라향을 넣은 후 푸딩틀에 부어 찬물에서 군힌다.

(6) 완성된 푸딩을 비교 평가한다.

플로차트(Flow chart : 흐름도)

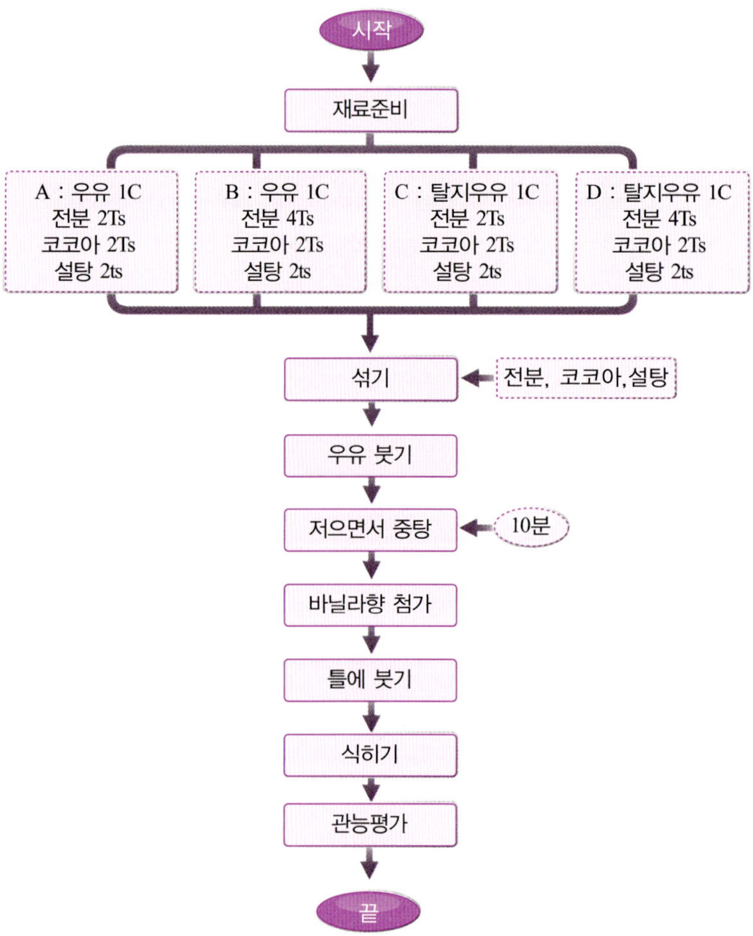

〈결과〉

구분	조건		단단한 정도	탄력성	기호도(순위)
	우유 종류	전분			
A	우유 1C	2 Ts			
B	우유 1C	4 Ts			
C	탈지우유 1C	2 Ts			
D	탈지우유 1C	4 Ts			

〈문제〉

(1) 우유와 탈지우유의 사용에 의한 질감 차이는 무엇 때문인가?

(2) 전분의 함량이 달라지면서 나타나는 질감의 변화는 무엇 때문인가?

실험 7 우유의 종류를 달리한 요거트의 품질 비교

인류는 우유, 산양유, 염소유, 마유 등 여러 동물의 젖을 식품으로 섭취하여 왔으며 우유가 가장 많이 식용되고 있다. 우유는 버터, 치즈, 크림, 요거트, 연유, 분유, 아이스크림 등 여러 가공품으로 이용되고 있으며 이 중 요거트(yoghurt)는 우유에 유산균을 첨가하여 발효시킨 응고물로 정장작용을 통해 건강에 도움을 주는 식품이다.

요거트는 터키계 유목민이 만들었다고 전해지는데 터키어인 '요우르트' 에서 유래되었다고 한다. 그리스, 불가리아 요거트가 유명하며 중앙아시아와 인도로 전해지면서 샐러드, 수프 등 조리에도 다양하게 이용되고 있다.

〈목적〉

요거트를 만들 때 우유의 종류에 따라 겔의 단단한 정도와 맛에 미치는 영향을 알아본다.

〈재료 및 분량〉

우유 1컵, 저지방우유 1컵, 무가당연유 1컵, 딸기맛 우유 1컵, 시판 요거트 4큰술

〈기구 및 기기〉

비커, 온도계, 은박지, 요거트 제조기(또는 항온기), 일반 조리기구

〈방법〉

(1) 각 조건의 재료를 준비한다.

A : 우유 1컵

B : 저지방우유 1컵

C : 무가당연유 1컵

D : 딸기맛 우유 1컵

(2) 각각의 우유를 49°C 중탕으로 가열한다.

(3) 데운 우유에 시판되는 플레인 요거트를 1큰술 넣어 잘 섞는다.

(4) (3)에 은박지로 뚜껑을 덮고 항온기에서 47°C로 6~8시간 발효시킨다.

주의

요거트 제조기가 있으면 제조기의 사용방법에 따라 간편하게 발효시킬 수 있다.

(5) 요거트가 응고되면 냉장고에 4시간 냉각시킨다.

(6) 응고물과 분리된 액체의 양(이장량)을 비교하여 관찰하고 관능평가를 한다.

플로차트(Flow chart : 흐름도)

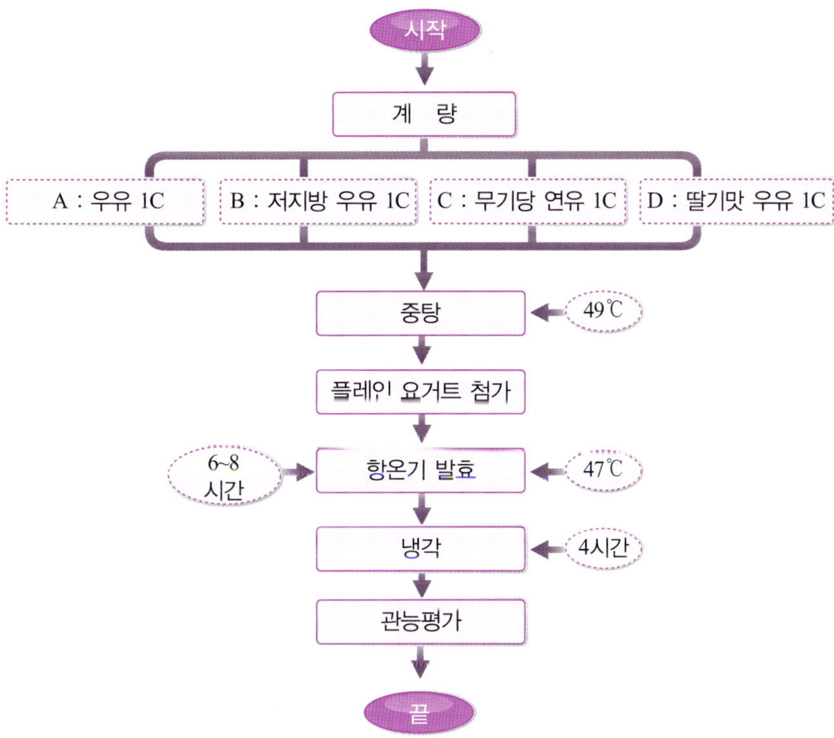

〈결과〉

구분	조건	응고물과 분리되는 이장 정도	관능평가		
			단단한 정도	맛	기호도(순위)
A	우유 1C				
B	저지방우유 1C				
C	무가당연유 1C				
D	딸기맛 우유 1C				

〈문제〉

(1) 우유의 종류에 따라 요거트 응고물에 차이가 나는 이유는 무엇인가?

(2) 시판되고 있는 요거트의 종류에는 어떤 것들이 있는가?

실험 8 가열 정도에 따른 비프 스테이크의 특성 비교

육류를 가열조리하는 목적은 고기의 풍미를 향상시키고, 근육을 연화시킴으로써 소화흡수가 용이하도록 하며, 고기에 오염되어 있는 세균이나 기생충을 사멸하여 안전하게 섭취하기 위함이다. 육류가 가열조리되는 과정에서 나타나는 변화는 아래와 같다.

색의 변화

가열에 의한 육류의 색깔 변화는, 첫째 미오글로빈을 구성하고 있는 단백질 글로빈(globin)이 변성하는 것이고, 둘째 중앙에 위치하는 철이 산화되어 제2철의 상태로 전환되는 것이다.

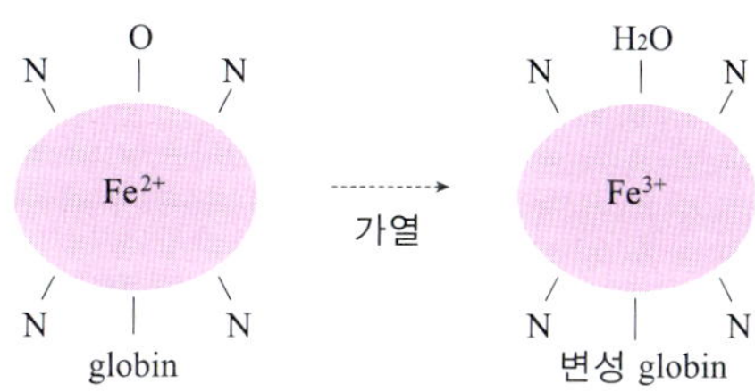

그림 4-1 가열에 의한 육류의 색 변화

수축과 열변성

육류는 가열조리 때에 수축되어 지경이 줄어들며 무게가 감수되는데, 이는 가열에 의해 수분과 지방이 용출되기 때문이며, 두께는 수축으로 인해 다소 증가된다. 보수성은 가열온도가 상승함에 따라 감소되는데, 이는 가열온도가 높으면 높을수록 고기의 열변성이 크게 일어나서 보유하는 육즙의 양이 적어지기 때문이다.

풍미의 변화

육류를 가열함에 따라 유리아미노산과 아미노화합물, 이노신산 같은 맛성분이 생성되고, 지방이 분해되어 냄새 성분이 생성됨으로써 풍미가 증진된다. 또한 근육조직 내에 존재하는 지방은 가열에 의해 용출되어 입안에서의 매끄러운 감촉을 준다.

육류조리법 중의 하나인 건열조리는 불고기나 스테이크, 로스트, 튀김처럼 물을 사용하지 않고 직접 또는 간접적으로 열을 가하여 조리하는 방법이다. 이것은 연한 부위의 고기에 적당한데, 건열조리용 부위는 결체조직을 적게 포함한 등심, 안심, 갈비 등이 이용된다. 건열조리의 특징은 육즙이 외부로 유출되지 않으므로 영양의 손실이 적을 뿐만 아니라 가열에 의해 맛과 향이 생겨 풍미가 증진되며, 조리하기가 간편하다는 점이다.

비프 스테이크(beef steak)는 육즙이 유출되지 않도록 센불로 단시간에 조리함으로써 고기의 표면 단백질이 응고하여 맛성분을 보유할 수 있다. 비프 스테이크는 굽는 정도에 따라 rare, medium, well-done으로 나눌 수 있는데, 각각의 특징은 다음 표와 같다.

표 4-1 가열 정도에 따른 비프 스테이크의 특성

beef	내부온도 (℃)	가열 정도 (분/파운드)	상태
rare	60	18~32	자르면 육즙이 나오고 내부는 생것에 가깝다.
medium	71	22~38	고기 내부는 붉은색이며 육즙이 약간 나온다. 어느 정도 수축이 일어난다.
well-done	77	27~48	고기 내부가 회갈색이며, 육즙은 적다. 고기의 내부 온도가 높을수록 수축 정도도 크다.

〈목적〉

오븐의 온도를 달리하여 구운 비프 스테이크의 수축 정도, 색깔, 육즙의 유출량 등을 비교한다.

〈재료 및 분량〉

쇠고기 안심 300g, 소금 3g, 후추 3g, 식용유

〈기구 및 기기〉

전자저울, 구이용 팬, 오븐, 일반조리기구

〈방법〉

(1) 쇠고기 안심 100g(두께 2cm)의 무게를 정확히 재고, 고기무게의 1%의 소금과 후추를 뿌린다.

(2) 오븐을 예열한 후 구이용 팬에 기름을 두른다.

(3) 다음과 같은 조건으로 각각 조리한다.

A : 160°C로 15분간 익힌다.

B : 200°C로 12분간 익힌다.

C : 230°C로 10분간 익힌다.

(4) 완성된 후 무게를 측정하고 관능평가한다.

플로차트(Flow chart : 흐름도)

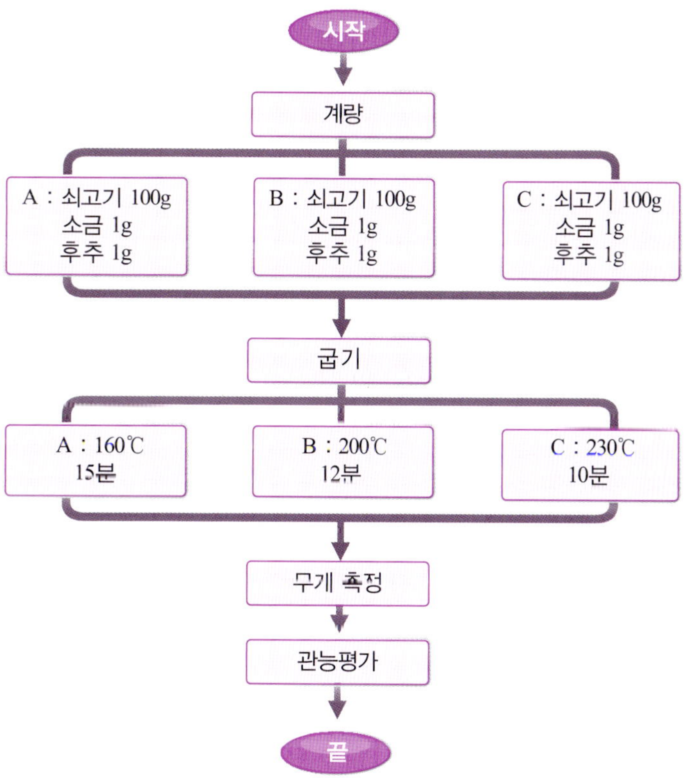

〈결과〉

구분	조건	고기 무게		관능평가			
		조리 전	조리 후	색	질긴 정도	보습 정도	기호도(순위)
A	160°C 15분						
B	200°C 12분						
C	230°C 10분						

〈문제〉

(1) 조리온도를 달리한 경우에 색이 달라지는 이유는 무엇인가?

(2) 조리온도를 달리한 경우에 수축정도가 달라지는 이유는 무엇인가?

실험 9 재료 배합을 달리한 햄버거 패티의 특성 비교

햄버거(hamburger)는 오늘날 빵 사이에 고기를 잘게 다져 만든 햄버그스테이크를 넣어 먹는 간편한 식사의 형태를 지칭하는데 햄버거에 껴있는 고기를 햄버거 패티(hamburger patty)라고 한다. 햄버거의 어원은 함부르크에서 왔고 몽골계 민족의 고기요리가 독일 함부르크에 전해졌다고 생각되는 것이 통설이다.

19세기 말 많은 유럽인들이 뉴욕으로 건너가면서 독일 함부르크에서 온 사람들과 연관하여 햄버그스테이크 또는 햄버거가 되었다고 한다. 그후 1940년 세인트루이스 박람회에 온 어느 상인이 햄버거를 빵에 끼워 팔았고 이것이 오늘날 패스트푸드인 햄버거의 시작이라고 알려져 있다.

일반적으로 햄버거 패티를 만들 때에는 다진 고기를 뭉치게 하고 풍미를 주기 위하여 여러 부재료를 사용하게 되는데 달걀은 점성이 높으므로 식품과 잘 부착하며, 열에 의해 응고되므로 결착제로서 기능을 한다. 따라서 고기완자, 햄버거 속 등을 만들 때에 달걀을 넣으면 재료들이 잘 결착하여 모양을 유지하게 된다. 또한 양파는 고기의 누린내를 없애고 단맛을 주며 양파의 양을 달리함으로써 단단한 정도를 변화시킬 수 있다.

〈목적〉

부재료의 종류 및 분량이 햄버거 패티의 품질에 미치는 영향을 이해한다.

〈재료 및 분량〉

다진 쇠고기 320g, 양파 120g, 빵가루 60g, 우유 40g, 달걀 60g, 소금 3g, 후추 약간, 식용유

〈기구 및 기기〉

볼 4개, 전자저울, 일반조리기구

〈방법〉

(1) 아래와 같이 재료를 준비한다.

A : 쇠고기 간 것 80g, 빵가루 15g, 달걀 1큰술, 양파 20g 우유 2작은술, 소금 $\frac{1}{8}$작은술, 후추 약간

B : 쇠고기 간 것 80g, 빵가루 15g, 달걀 1큰술, 양파 40g 우유 2작은술, 소금 $\frac{1}{8}$작은술, 후추 약간

C : 쇠고기 간 것 80g, 빵가루 15g, 달걀 2큰술, 양파 20g 우유 2작은술, 소금 $\frac{1}{8}$작은술, 후추 약간

D : 쇠고기 간 것 80g, 빵가루 15g, 달걀 2큰술, 양파 40g 우유 2작은술, 소금 $\frac{1}{8}$작은술, 후추 약간

플로차트(Flow chart : 흐름도)

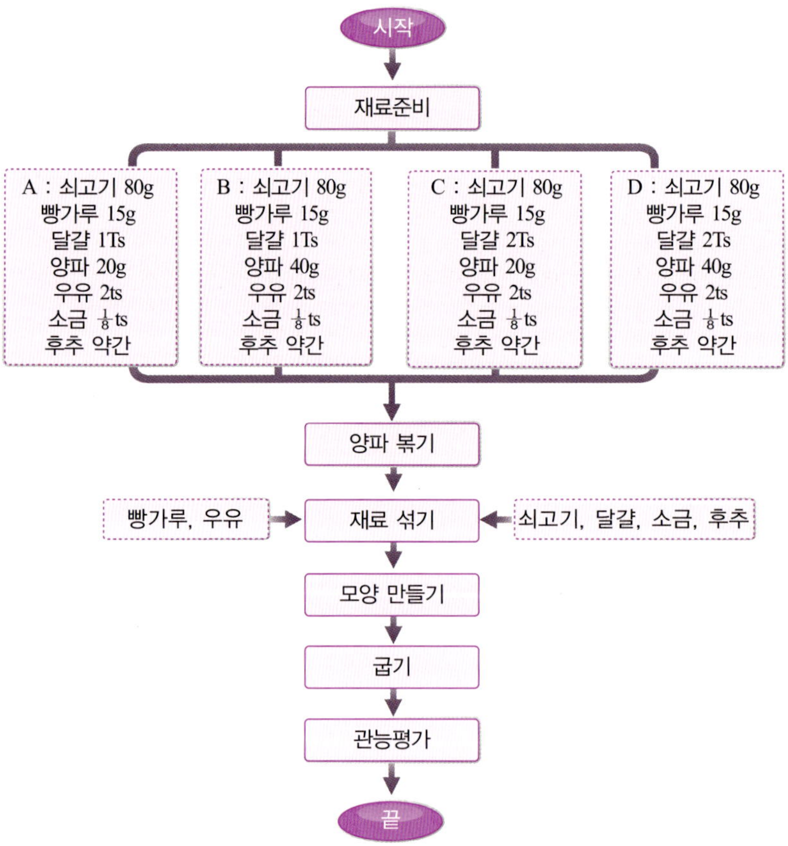

(2) 곱게 간 쇠고기에 달걀, 소금, 후추를 넣고 잘 섞은 후 치대어 잘 엉기도록 한다.

(3) 곱게 다진 양파를 볶은 후 (1)의 쇠고기, 달걀, 소금, 후추 혼합물과 섞는다.

(4) 빵가루는 우유에 적셔 각 조건별로 섞고 모양과 크기를 일정하게 빚는다.

(5) 식용유를 두른 팬에 잘 지져낸 후 평가한다.

〈결과〉

구분	조건		단단한 정도	냄새	맛
	달걀	양파			
A	1 Ts	20g			
B	1 Ts	40g			
C	2 Ts	20g			
D	2 Ts	40g			

〈문제〉

(1) 달걀의 분량을 달리했을 때 햄버거의 특성에 미치는 효과는 무엇인가?

(2) 양파의 분량을 달리했을 때 햄버거의 특성에 미치는 효과는 무엇인가?

실험 10 소금 첨가량에 따른 어묵의 품질 비교

생선살에 소량의 소금, 조미료, 첨가제 및 증량제 등의 첨가물을 넣고 어육을 곱게 갈아서 풀 같은 상태가 되면 이를 가열하여 겔화시킨 것을 '어묵' 이라 한다.

어묵은 가열방법에 따라 몇 가지로 구분할 수 있다. 첫째는 증자법 어묵으로, 80~90°C의 온도에서 수증기를 이용하여 찌는 어묵이다. 둘째는 배소법 어묵으로, 100~180°C의 가열된 공기를 이용하여 굽는 어묵이다. 셋째는 탕자법 어묵으로, 80~95°C의 물로 삶아내는 어묵이다. 넷째는 튀김 어묵으로, 170~190°C의 기름에서 튀겨내는 어묵이다.

어묵은 특히 빛깔이 흰 조기나 오징어 등이 많이 쓰이며 기름기가 많은 생선은 좋지 않다. 으깬 생선살에 소금, 설탕, 녹말, 맛술 등을 넣어 반죽한 것을 여러 모양으로 빚어 찌거나 굽거나 튀겨낸 것으로 소금의 양은 생선 무게의 3% 정도가 적당하다.

생선살에 소금을 가해 주면 짠맛으로 인해 간이 맞게 되며, 동시에 소금의 작용에 의해 단백질이 변성된다. 그러나 소금에 의한 변화는 사용되는 소금의 농도에 따라 달라진다.

1~2% 정도의 저염도인 경우는 수분이 빠져나가서 어육이 단단해지고 탄력성이 증가하며, 용액에 용출되는 단백질 양이 적어서 용액은 점도가 낮고 투명하게 된다. 생선 소금구이에 2%의 소금을 사용하면 적당하게 간을 맞출 수 있다.

2~6% 정도의 중염도인 경우, 단백질 중 염용성인 미오신과 액틴이 용액으로 용출되는 양이 증가하고, 미오신과 액틴은 용출되면 액토미오신을 형성하므로 단백질의 수화력이 증가하여 점성이 있는 용액을 만든다. 이것은 생선묵의 제조에 이용된다.

10~15% 정도의 고염도인 경우는 단백질의 용해도가 감소하고 과잉의 염이온은 단백질에 탈수제로 작용한다. 따라서 어육이 단단해지고 육즙도 제거되며 효소도 변성되어 저장성이 향상된다. 고염도로 절였던 어육은 변성되므로 물에 담가서 염분을 제거하여도 날 생선의 조직과는 차이가 나타난다.

〈목적〉

첨가되는 소금의 양에 따라 만들어진 어묵을 비교함으로서 어묵형성에 적절한 소금 농도를 알아본다.

〈재료 및 분량〉

흰살 생선(가식부) 300g, 소금 11g, 전분 30g, 생강즙 3 작은술, 흰 후추 약간

〈기구 및 기기〉

계량스푼, 찜기, 분쇄기, 타이머, 전자저울, 일반조리기구

〈방법〉

(1) 흰살 생선의 살을 잘게 썰어 100g씩 3그룹으로 나눈다.

주의

냉동된 흰살 생선은 녹여 물기를 제거한 후에 사용한다.

(2) 다음과 같이 재료를 넣고 분쇄기에 3분간 간다.

A : 생선살 100g, 소금 1g, 전분 10g, 생강즙 1 작은술, 흰 후추 약간

B : 생선살 100g, 소금 3g, 전분 10g, 생강즙 1 작은술, 흰 후추 약간

C : 생선살 100g, 소금 7g, 전분 10g, 생강즙 1 작은술, 흰 후추 약간

주의

소금의 무게를 정확히 계량하여 사용한다.

(3) 잘 섞인 어묵 재료를 눌러 보아서 끈끈한 정도를 관찰한다.

(4) 어묵 재료를 도마에 올려놓고 4×4×2cm모양으로 만든다.

주의

어묵의 반죽이 묽으므로 도마에 올려두고 칼로 모양을 잡아준다.

(5) 찜기에 물을 넣고 마른 행주를 깔고, 김이 오르면 어묵 재료를 20분간 찐다.

(6) 어묵을 찜통에서 꺼내어 10분간 식힌다.

(7) 식은 어묵의 단단한 정도, 탄력성과 맛을 평가한다.

플로차트(Flow chart : 흐름도)

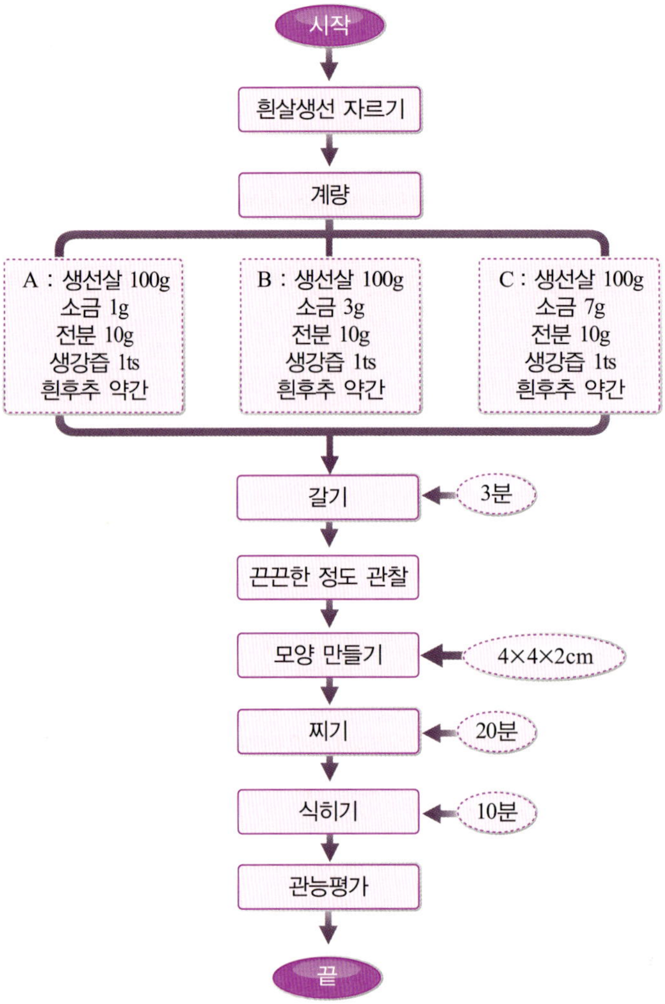

〈결과〉

구분	조건	끈끈한 정도	관능평가			
			단단한 정도	탄력성	맛	기호도(순위)
A	소금 1g					
B	소금 3g					
C	소금 7g					

〈문제〉

(1) 관능평가에서 가장 우수한 어묵은 어느 것이며 이유는 무엇인가?

(2) 조리방법에 따른 어묵의 종류를 쓰시오.

(3) 어묵의 제조 원리를 쓰시오.

실험 11 조리수 pH에 따른 포치드 에그의 품질 비교

끓는 물에 달걀을 깨뜨려 넣어 반숙 정도의 상태로 조리한 것을 포치드 에그(poached egg)라고 한다. 달걀의 껍질을 제거하고 고온의 물속에서 조리하여 달걀의 난백단백질을 응고시키는 수란과 동일한 조리 방법인 포치드 에그는 모양이 깨어지지 않도록 응고시키는 것이 가장 중요하다.

포칭(poaching)이란 재료를 조리수에 넣고 끓기 전의 온도로 익히는 것을 말한다. 이러한 조리방법은 쉽게 모양이 흐트러지기 쉬운 재료에 많이 이용하는데 조리수의 양념 등이 재료에 풍미를 주고 재료의 원형을 잘 살려주는 장점을 지닌다.

난백은 60°C 부근에서 응고를 시작하여 65°C에서 완전히 응고하며, 난황은 65°C 부근에서 응고를 시작하여 70°C에서 완전히 응고된다. 난백이 난황보다 낮은 온도에서 응고하는 이유는 단백질 조성에 차이가 있기 때문이며, 난백의 수분 함량이 난황보다 높으므로 열전달력이 우수하기 때문이다. 온도가 80°C 이상으로 상승하면 달걀은 단단하게 응고된다.

달걀의 열응고성은 가열온도와 시간에 의해 영향을 받는다. 즉, 낮은 온도에서 서서히 가열하면 부드럽고 연하나, 응고에 소요되는 시간은 길다. 고온에서 빨리 가열하면 수축하여 단단하고 질겨지며 기공이 생기기 쉽다.

달걀의 응고는 산에 의해 영향을 받는데 산의 첨가는 초기의 응고온도를 낮춰주어 등전점 부근에서는 열응고성이 최대를 나타낸다. 그러나 산에 의한 응고성은 난백 단백질의 등전점인 pH 4.8부근에서는 최대가 되나, pH 4 이하나 알칼리 상태에서는 응고가 잘 일어나지 않으므로 주의해야 한다.

일반적으로 온수에는 0.8% 정도의 소금과 식초 3~4%를 첨가하여 조리하는 것이 좋고, 달걀을 깨서 약한 불로 대략 5분 정도 조리하면, 달걀 흰자가 노른자를 둘러싸며 익게 된다. 포치드 에그는 따뜻한 요리와 차가운 요리에 모두 활용할 수 있지만, 아침식사에는 토스트 위에 올려서 먹는 경우가 많다. 손쉽게 조리하기 위해 프라이드에그 링을 이용하여 모양이 흐트러지지 않도록 만들어 먹기도 한다.

〈목적〉

조리 시에 사용되는 물의 pH에 따라 포치드 에그의 응고 상태가 어떻게 영향을 받는지 알아본다.

〈재료 및 분량〉

신선란 3개, 소금 5g, 레몬즙 1큰술 , 중조 1g

〈기구 및 기기〉

냄비, 접시, 온도계, pH paper, 일반조리기구

〈방법〉

(1) 4개의 냄비에 각각 물 3컵과 첨가물을 넣는다.

A : 물 3컵

B : 물 3컵, 소금 5g

C : 물 3컵, 레몬즙 1큰술

D : 물 3컵, 중조 1g

(2) 4개의 냄비에 담긴 조리수의 pH를 측정한다.

(3) 달걀은 1개씩 껍질을 제거하여 접시에 담아둔다.

주의

달걀은 신선한 것일수록 모양이 퍼지지 않은 포치드 에그를 얻을 수 있다.

(4) 냄비의 물이 85°C가 되면 약한 불로 줄이고 접시의 달걀이 물속으로 살짝 미끄러지도록 흘려 넣어 85°C에서 6분간 가열하고 꺼낸 다음 조리수의 상태를 관찰한다.

주의

끓는 물에서 조리하면 달걀이 풀어져버리므로 80~85°C의 온도가 좋다.

(5) 완성된 포치드 에그의 색, 외관, 질감에 대하여 관능평가를 실시한다.

참고

포치드 에그는 80~85°C 온도에서 5~6분간 가열하는 것이 좋으며 조리수의 온도가 낮으면 시간이 더 소요된다.

플로차트(Flow chart : 흐름도)

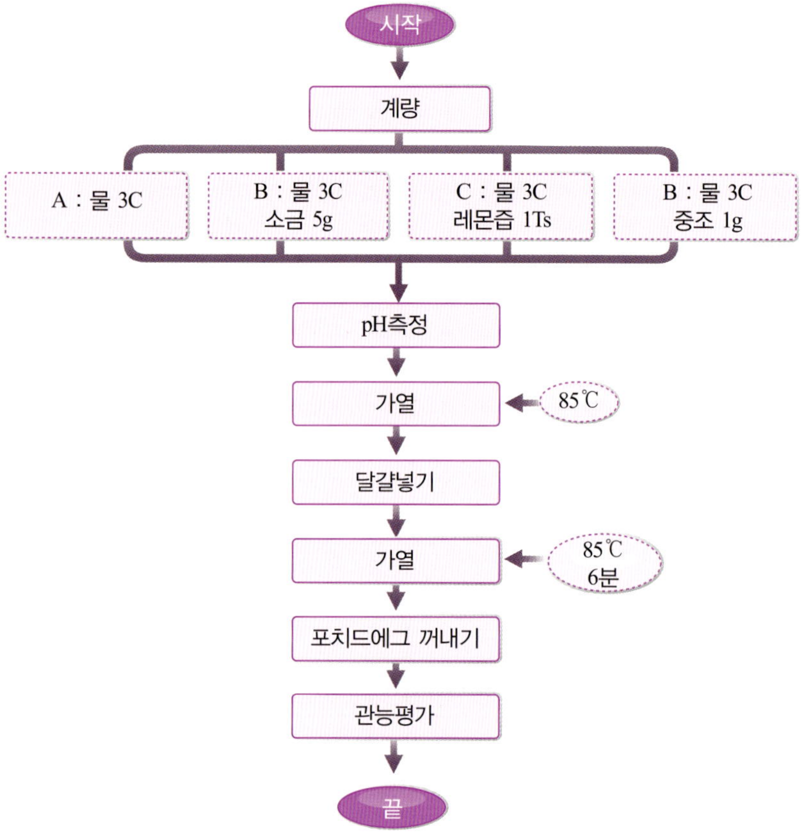

〈결과〉

구분	조건	조리수 pH	관능평가			
			조리수의 상태	색	외관	질감
A	무첨가					
B	소금 5g					
C	레몬즙 1Ts					
D	중조 1g					

〈문제〉

(1) 응고상태가 우수한 포치드 에그의 조리수 pH는 어느 것이며, 그 이유는 무엇인가?

(2) 가장 풀어진 상태의 포치드 에그는 어느 것이며, 그 이유는 무엇인가?

(3) 포치드 에그가 잘 만들어지도록 도와주는 요소로는 어떤 것이 있는가?

실험 12 첨가물을 달리한 머랭의 안정성 비교

머랭(meringue)은 난백에 설탕을 넣어서 거품을 낸 것으로 조리에 다양하게 사용된다. 난백은 단백질이 물에 산포되어 있는 형태로 계속 저으면 거품을 만드는 기포성을 지니고 있다. 난백의 거품은 음식의 질감을 가볍게 해주고 부피를 팽창시키므로 이러한 성질을 이용하여 케이크의 팽창제로 사용되기도 하며 설탕용액의 결정성을 방해하는 성질도 있다. 거품 낸 난백을 캔디나 셔벗을 만들 때 넣어주면 결정형성을 방해하여 미세한 결정의 부드러운 질감을 갖게 된다.

난백의 기포성은 중성이나 약산성에서 높아지는데 난백에 주석산, 구연산, 레몬즙 등의 산을 첨가하면 기포력이 커진다. 설탕은 난백의 기포성을 억제하는 작용도 있어 머랭을 만들 때 처음부터 설탕을 전부 넣지 않고 조금씩 나누어 넣는다.

난백의 기포성에 영향을 미치는 요인은 다음과 같다.

달걀의 신선도

신선한 달걀보다 산란 후 1주일 정도 지나 난백이 묽어진 것이 거품이 잘 난다.

pH

등전점 부근에서 기포성이 가장 크므로 소량의 산을 첨가하여 등전점 근처로 pH를 맞추면 기포성이 향상된다.

온도

난백의 온도가 30°C 정도에서 기포성이 좋으므로 냉장 저장했던 달걀은 실온에 두었다가 사용한다. 난백의 온도가 낮으면 거품을 내기는 어렵지만 단단한 거품을 만들어 거품을 안정적으로 유지할 수 있다.

첨가물 : 지방, 우유, 소금, 설탕 등

지방, 우유, 소금, 설탕 등은 기포의 형성을 방해한다.

난백거품의 형성은 4단계로 나눌 수 있는데 1단계의 거품은 청정제로 사용하기에 적당하며 2단계는 부드러운 머랭을 만들 때, 3단계의 거품은 수플레(souffles), 오믈렛, 엔젤케이크를 만들 때 사용한다. 또한 유지 함량이 적은 스펀지케이크의 반죽에는 2단계나 3단계의 거품이 사용되며 유지함량이 높은 버터케이크와 수분이 많은 크림에는 단단한 거품을 사용하는 것이 좋다.

〈목적〉

난백에 여러 가지 첨가물을 가한 후, 머랭의 기포 생성 정도와 안정성을 비교한다.

〈재료 및 분량〉

달걀 4개, 주석산 $\frac{1}{4}$작은술, 레몬주스 1큰술, 설탕 8큰술, 바닐라향 약간

〈기구 및 기기〉

볼 3개, 거품기 또는 핸드믹서 3개, 계량스푼, 유산지, 짤 주머니 3개, 타이머, 오븐, 일반조리기구

〈방법〉

(1) 오븐을 약 120°C로 예열한다.

(2) 작고 깊은 볼에 난백과 각 조건의 첨가물을 넣고 거품기나 핸드믹서로 거품을 내서 머랭을 만든다.

A : 난백 2개, 설탕 6큰술

B : 난백 2개, 설탕 6큰술, 주석산 1/4작은술,

C : 난백 2개, 설탕 6큰술, 레몬주스 1큰술,

(3) 머랭의 형성시간과 단단한 정도를 비교한다.

주의

거품낸 볼을 기울였을 때 흐르지 않을 때까지의 시간을 측정한다.

(4) 머랭을 짤주머니에 넣고 같은 모양으로 짜서 유산지에 놓는다.

(5) 오븐에서 60분간 굽는다.

(6) 꺼내서 식힌 다음 품질을 비교해 본다.

플로차트(Flow chart : 흐름도)

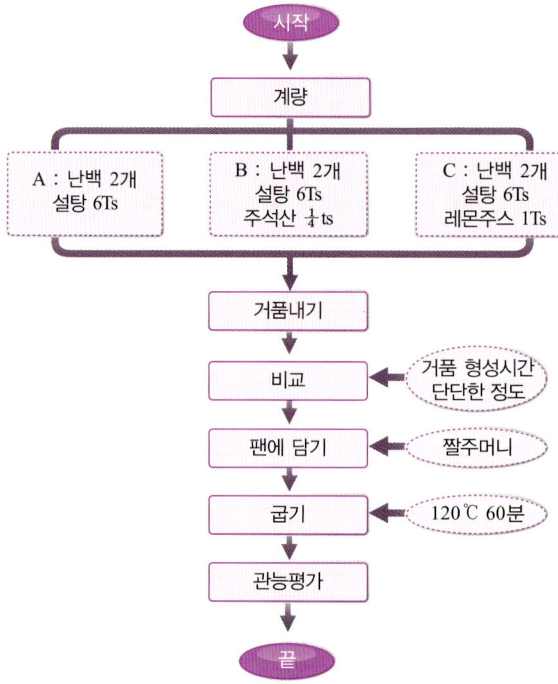

〈결과〉

구분	조건	거품의 형성시간	거품의 단단한 정도	기호도(순위)
A	무첨가			
B	주석산 $\frac{1}{4}$ts			
C	레몬주스 1Ts			

〈문제〉

(1) 산은 거품형성 및 안정성에 어떤 영향을 주며 그 이유는 무엇인가?

(2) 머랭을 이용한 음식은 어떤 것들이 있는가?

실험 13 튀김옷에 의한 튀김의 품질 비교

일반적으로 사용되고 있는 유지는 상온에서 액체 상태를 유지하고 있는 유(oil)와 고체 상태를 유지하고 있는 지(fat)를 말하는 것으로 기름은 열의 전달매체로서 조리에 널리 이용되고 있다. 유지는 비중이 1보다 작아 물에 뜨는 성질을 지녔으며, 가열 시에도 빨리 끓고 빨리 식는다. 따라서 튀김 시 기름의 온도 변화를 최소화하기 위하여 열용량이 크고 두꺼운 금속으로 된 직경이 작은 튀김그릇에 많은 양의 기름을 넣고 튀김을 하는 것이 바람직하다.

튀김 조리법은 가열시간이 단축되므로 식품의 성분이 덜 손실되기도 하나 식품에 따라 적정 온도를 유지해야 한다. 내부의 재료가 모두 익어 표면만 가열해도 되는 고로케 같은 음식은 가열온도를 높여 단시간에 튀겨내는 것이 좋고, 감자나 고구마처럼 속까지 익혀야 할 것은 기름의 가열온도를 낮게 해서 조리시간을 길게 하는 것이 좋다.

튀김 시 흡유량이 많아지는 원인은 첫째, 튀김 시에 튀김기름의 온도가 너무 낮으면 식품재료 내부로 기름이 너무 많이 스며들어가고 수분의 증발이 제대로 일어나지 않으므로 튀겨 놓은 음식이 바삭거리지 않게 된다. 그러나 튀김기름의 온도가 너무 뜨거우면 속이 익기 전에 겉부분이 타버려 튀김의 질감이 떨어진다. 둘째, 튀기고자 하는 식품재료의 표면적이 클 경우 기름이 식품의 내부기름과 닿는 면적이 많아지므로 기름이 내부로 스며드는 양이 많아진다. 셋째로 기름의 종류에 따라 발연점이 낮거나 또는 오래 사용하여 발연점이 낮은 경우도 스며드는 양이 많아진다.

튀길 때에 적온을 알기 위해서는 온도계가 필수이나, 준비되지 않았을 경우는 튀김옷을 기름에 조금 넣어 떠오르는 정도로 온도를 판단할 수 있다. 기름의 온도가 150~160°C일 경우는 튀김옷이 냄비 밑까지 일단 가라앉았다가 떠오르고, 170~180°C일 경우는 냄비의 중간까지 가라앉았다가 떠오르며, 190~200°C 정도에서는 바로 떠오른다. 튀김옷의 재료는 반죽한 후에 시간이 경과하면 글루텐이 생성되므로 반죽은 즉석에서 해야 한다.

튀김옷을 반죽할 때는 글루텐이 최소로 생성되도록 밀가루에 물을 붓고 젓가락으로 몇 번만 저어 밀가루 덩어리가 조금 남아 있을 정도로 섞는 것이 좋다. 반죽한 직후 튀겨내며, 튀기는 중간에 찌꺼기를 건져내야만 깨끗한 기름을 유지할 수 있다.

〈목적〉

튀김옷의 재료에 따라 만들어진 튀김을 비교함으로써 우수한 품질의 튀김을 할 수 있는 방법을 알아본다.

〈재료 및 분량〉

감자(가식부) 400g, 밀가루 220g, 전분 20g, 중조 0.1g, 달걀 20g,
식용유 500mL

〈기구 및 기기〉

접시 4개, 온도계, 전자저울, 일반조리기구

〈방법〉

(1) 감자를 손질하여 5mm 두께로 썰어서 100g씩 4개의 그룹으로 나눈다.

주의
감자는 잘 씻고 껍질을 벗겨 5mm 두께로 썰어서 준비한다.

(2) 분량대로 재료를 섞어 튀김옷을 만든다.

A : 밀가루 60g, 물 4큰술
B : 밀가루 60g, 중조 0.1g, 물 4큰술
C : 밀가루 60g, 달걀 20g, 물 2큰술
D : 밀가루 40g, 전분 20g, 물 4큰술

(3) 튀김냄비에 식용유를 500mL 넣고 가열한다.

주의

튀김 용기는 너무 크지 않은 것을 선택하여 식용유 500mL을 넣었을 때 튀김용기의 절반 이상 되는 것을 선택한다.

(4) 4그룹의 감자에 A, B, C, D 4종류의 튀김옷을 입혀 170°C의 기름에 튀긴 후, 품질을 비교하여 맛, 색, 질감과 기호도를 평가한다.

주의

튀김 직후 키친타올 등을 이용하여 기름을 제거하고 관능평가를 실시한다.

플로차트(Flow chart : 흐름도)

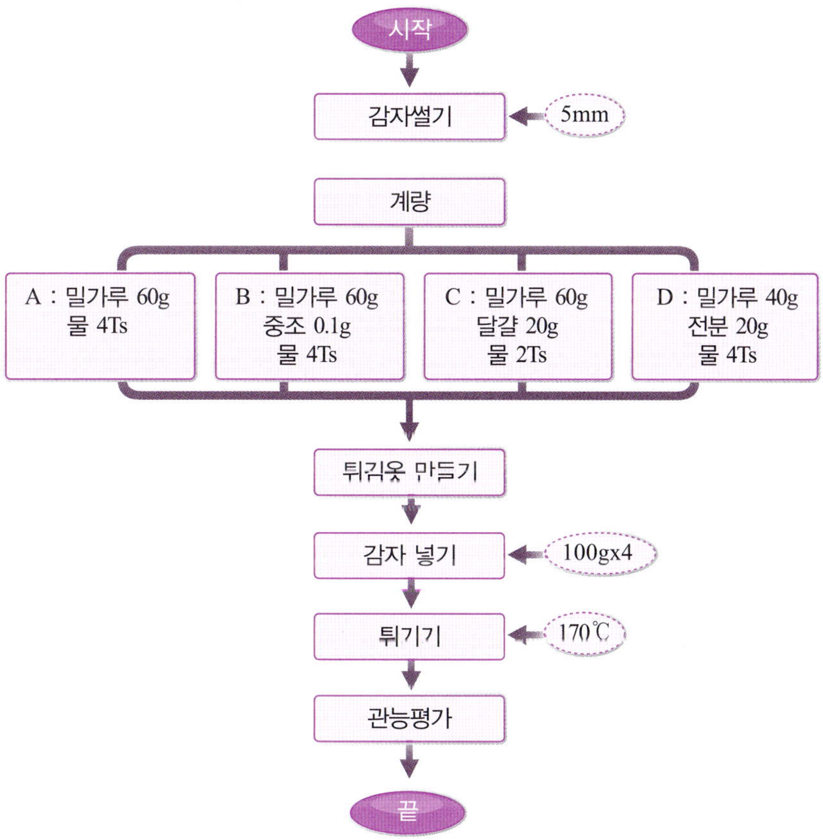

〈결과〉

구분	조건	맛	색	질감	기호도(순위)
A	밀가루 60g, 물 4Ts				
B	밀가루 60g, 중조 0.1g, 물 4Ts				
C	밀가루 60g, 달걀 20g, 물 2Ts				
D	밀가루 60g, 전분 20g, 물 2Ts				

〈문제〉

(1) 튀김옷 사용 시 중조, 달걀과 전분의 효과는 무엇인가?

(2) 튀김기름의 온도 판별법을 나열하시오.

(3) 튀김 시 흡유량을 증가시키는 요인에 대하여 서술하시오.

실험 14 지방함량을 달리한 애플파이의 쇼트닝 효과 비교

우리나라에서 어머니가 만들어 준 음식을 지칭할 때 '어머니가 끓여주신 된장찌개'로 상징되듯이 미국인들에게 어머니의 손맛을 대표하는 것이 '애플파이'라고 할 수 있다. 파이 반죽은 바삭해야 하므로 글루텐 함량이 적은 박력분을 사용하고 지방을 첨가하여 연화작용(shortening action)을 통해 글루텐 형성을 방해하도록 한다.

〈목적〉

애플파이 반죽에 지방첨가량을 달리하여 바삭한 정도를 비교하여 봄으로써 글루텐의 연화효과를 이해한다.

〈재료 및 분량〉

- 파이 반죽 (박력분 440g, 무염버터 180g, 소금 $\frac{2}{3}$작은술, 냉수 약 10큰술)
- 파이 속(사과 4개, 설탕 200g, 계핏가루 1작은술, 버터 60g)
- 달걀물 (달걀노른자 1개, 물 1작은술)

〈기기 및 기구〉

계량컵, 계량스푼, 체, 밀대, 조별 은박접시(지름 약 18~20cm) 4개, 전자저울, 오븐, 일반조리기구

〈방법〉

- 파이 반죽

(1) 재료를 아래와 같이 준비한다.

A : 박력분 220g, 무염버터 120g, 소금 $\frac{1}{3}$작은술, 냉수 약 5큰술

B : 박력분 220g, 무염버터 60g, 소금 $\frac{1}{3}$작은술, 냉수 약 5큰술

(2) 박력분과 소금을 체친다.

(3) 체친 밀가루에 차가운 버터를 넣고 버터를 잘게 다지듯 섞는다.

(4) 냉수를 조금씩 넣으며 반죽을 손으로 매끈하게 뭉친다.

(5) 반죽을 비닐에 싸서 냉장고에서 30분간 굳힌다.

(6) 반죽을 2개로 나눈 다음 3mm 두께로 밀어 애플파이의 밑부분을 만들어 파이팬(은박접시)에 올려 모양을 다듬는다.

주의

위 분량으로 은박접시 2개의 파이를 만들 수 있다.

(6) 나머지 반죽도 같은 두께로 밀어 파이의 윗덮개를 준비한다.

주의

윗덮개는 밑부분과 같이 둥글게 밀어 준비할 수도 있으나 바스켓 모양 등 여러 가지 형태의 덮개를 만들 수 있다.

• 파이속

(7) 사과를 얇게 썰어 분량의 설탕, 버터, 계핏가루를 넣고 물기가 적어질 때까지 끓인다.

(8) (7)의 파이속을 식힌다.

(9) 준비한 파이밑 바닥의 반죽 (6) 위에 사과 조린 내용물을 넣고 윗덮개를 덮는다.

주의

파이 윗덮개를 둥글게 밀어 완전히 덮을 경우 칼금을 내어 증기가 배출되도록 한다.

(10) 달걀물을 발라 200°C에서 20~25분 굽는다.

(11) 완성된 애플파이를 식혀서 평가한다.

플로차트(Flow chart : 흐름도)

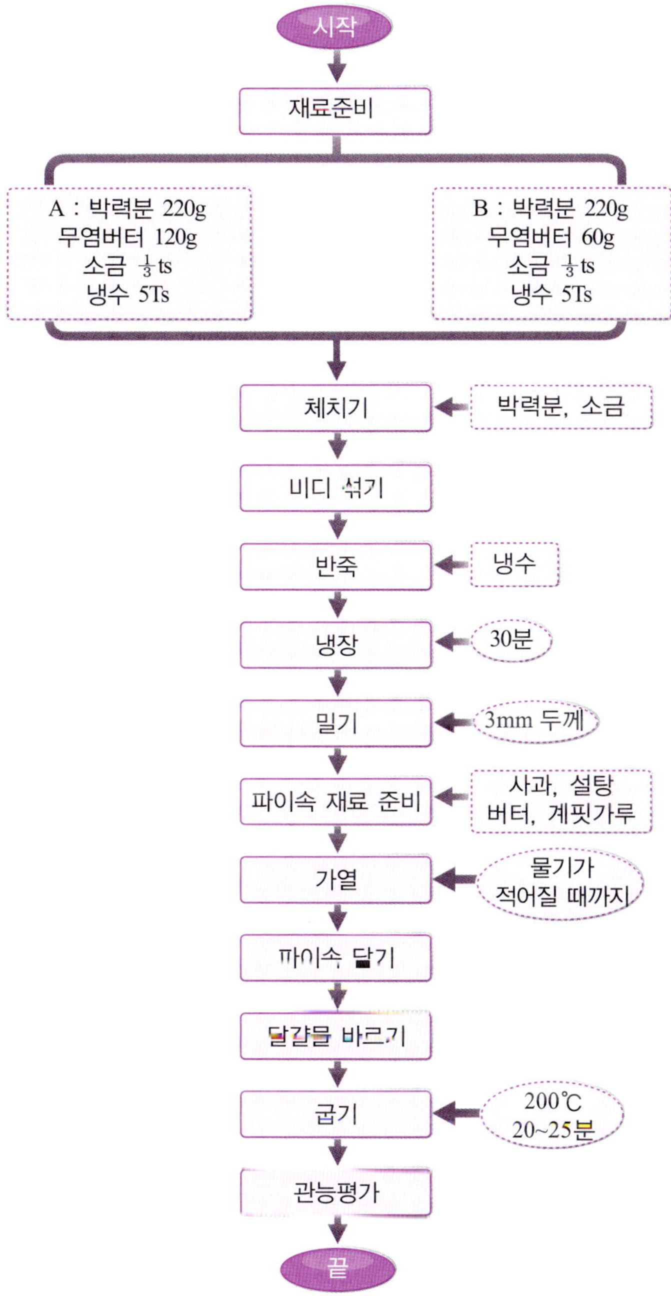

〈결과〉

구분	조건	바삭한 정도(연화 정도)	기호도(순위)
A	버터 120g		
B	버터 60g		

〈문제〉

(1) 반죽에 버터를 섞을 때 차게 하여 섞는 이유는?

(2) 버터의 크리밍 성질을 이용하여 만든 제품은 무엇이며 특징은 무엇인가?

(3) 버터, 마가린, 쇼트닝의 차이를 설명하시오.

실험 15 재료 배합을 달리한 마요네즈의 품질 비교

물과 기름같이 서로 섞이지 않는 액체가 서로 섞일 수 있도록 해주는 작용을 유화(emulsification)라고 한다. 유화제는 친수성기와 소수성기를 모두 가지고 있어 기름 방울이나 물방울에 흡착된다. 따라서 분산을 일으키고 두 물질이 서로 섞일 수 있도록 한다. 유화제를 통해 서로 섞일 수 없는 액체가 분산되어 유화된 상태를 유화액이라고 한다.

물속에 기름이 분산되어 있는 수중유적형(O/W, oil in water)에는 우유, 마요네즈 등이 있고 기름 속에 물이 분산되어 있는 유중수적형(W/O, water in oil)에는 버터, 마가린, 쇼트닝 등이 있다. 샐러드의 풍미를 주는 드레싱 중 프렌치 드레싱은 매우 작은 입자의 향신료를 사용하여 일시적인 유화 상태를 만드는 것으로 사용하기 전에 흔들어야 섞이는 일시적 유화액이다.

반면에 마요네즈는 점성이 커서 분산된 입자가 이동하기 어려워 오랜 시간 분리되지 않으므로 영구적 유화액이라고 할 수 있다.

마요네즈는 천연 유화제인 난황을 이용하여 만드는 식초와 기름의 유화액이다. 마요네즈를 만들 때에는 처음에 첨가하는 기름의 양이 적을수록, 기름을 첨가하면서 빠르게 저어줄수록 분리가 일어나지 않고 안정된 마요네즈를 만들 수 있다.

마요네즈를 만들 때 유화가 제대로 일어나지 않고 분리된 경우 새로운 난황에 분리된 마요네즈를 천천히 조금씩 넣어 저어주거나 미리 완성된 마요네즈를 분리된 마요네즈에 조금씩 넣어 저어주면 재생할 수 있다.

〈목적〉

마요네즈를 만들 때 기름과 식초의 비율을 달리한 마요네즈의 품질을 비교해 본다.

〈재료 및 분량〉

난황 4개, 식용유 4컵, 식초 6큰술, 소금 1작은술, 양겨자 1작은술, 흰후추 약간

〈 기구 및 기기〉

볼 4개, 계량컵, 계량스푼, 거품기(또는 핸드믹서) 4개, 일반조리기구

〈방법〉

(1) 각각 아래의 조건과 같이 재료를 준비한다.

A : 난황 1개, 식용유 $\frac{1}{2}$컵, 식초 1큰술, 소금 $\frac{1}{4}$작은술, 양겨자 $\frac{1}{4}$작은술, 흰후추 약간

B : 난황 1개, 식용유 1컵, 식초 1큰술, 소금 $\frac{1}{4}$작은술, 양겨자 $\frac{1}{4}$작은술, 흰후추 약간

C : 난황 1개, 식용유 1$\frac{1}{2}$컵, 식초 2큰술, 소금 $\frac{1}{4}$작은술, 양겨자 $\frac{1}{4}$작은술, 흰후추 약간

D : 난황 1개, 식용유 1컵, 식초 2큰술, 소금 $\frac{1}{4}$작은술, 양겨자 $\frac{1}{4}$작은술, 흰후추 약간

(2) 난황을 넣은 볼에 $\frac{3}{4}$분량의 식용유를 조금씩 넣으면서 거품기로 저어 유화시킨다.

(3) 어느 정도 되직하게 되면 식초를 넣고 유화가 충분히 이루어질 때까지 저은 후 남은 식용류를 조금씩 떨어뜨리며 젓는다.

(4) 소금, 양겨자, 흰후추를 넣으면서 거품기로 충분히 젓는다.

(5) 마요네즈를 완성하고 색, 점도, 맛을 비교한다.

〈결과〉

구분	조건		색	점도	맛
	식용유	식초			
A	$\frac{1}{2}$C	1 Ts			
B	1 C	1 Ts			
C	1$\frac{1}{2}$C	2 Ts			
D	1 C	2 Ts			

플로차트(Flow chart : 흐름도)

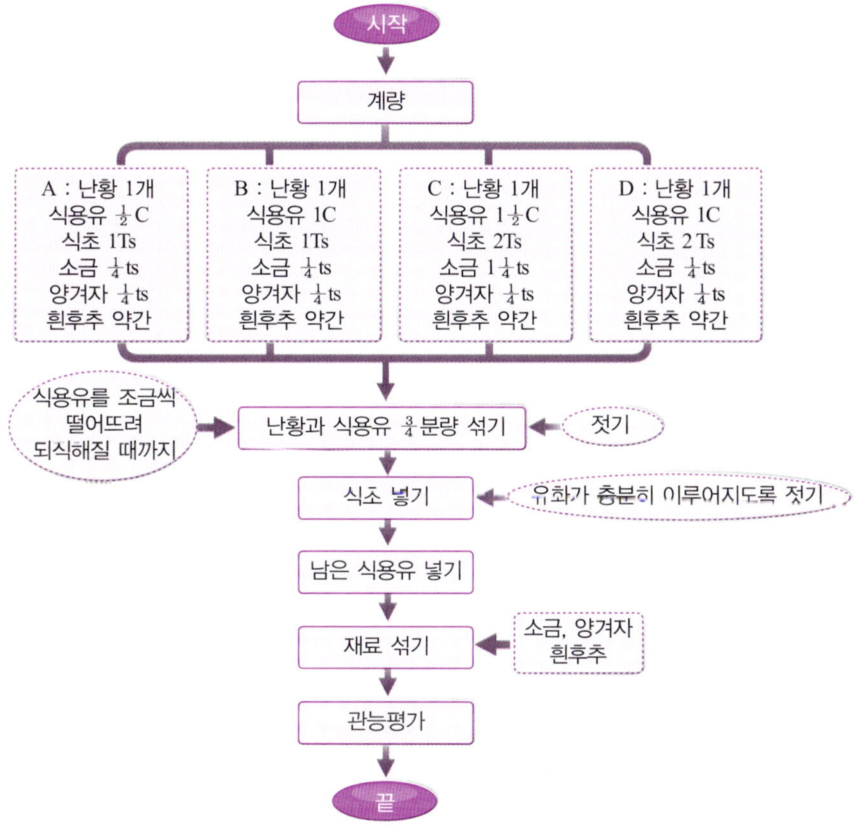

〈문제〉

(1) 기름과 식초의 비율이 달라지면서 마요네즈의 점도가 어떻게 변화되는가?

(2) 시판 마요네즈와 실험에서 만든 마요네즈는 어떤 차이점이 있는가?

실험 16 설탕 첨가량에 따른 펙틴젤리의 품질 비교

과일 젤리(jelly)는 과일의 즙에 당과 겔 형성물질을 넣어 농축하여 응고시킨 것이다. 겔 형성 물질은 펙틴, 한천, 젤라틴, 전분 등이 있는데 겔 형성물질에 따라 젤리의 질감이 달라진다. 펙틴은 식물의 세포를 서로 연결해주는 다당류로 인간의 소화효소로 분해되지 않는 식이섬유소 중 하나이다. 포도, 딸기, 오렌지 등 펙틴 함량이 많은 과일들이 잼이나 젤리를 만드는 데 많이 이용된다. 펙틴겔의 단단한 정도는 pH, 설탕 농도에 따라 다음과 같이 영향을 받는다.

산

일정한 펙틴 농도에서 pH가 낮을수록 겔 형성속도는 빠르다. 젤리의 강도는 pH가 어느 정도 낮아질 때까지는 증가하지만 어느 선을 넘으면 오히려 약해진다. 최적 pH는 약 3.0~3.3 정도로 젤리나 잼을 만들 때 레몬즙을 첨가하기도 한다.

설탕

젤리의 강도는 설탕 함량이 많을수록 증가하는데 지나치게 많으면 묽어진다. 일반적으로 젤리를 만들기 위해서는 젤리의 60~65% 정도의 설탕이 적당하다.

〈목적〉

설탕의 함량을 달리하였을 때 젤리의 품질을 비교하여 본다.

〈재료 및 분량〉

오렌지주스 3컵, 펙틴 12g, 설탕 450g

〈 기구 및 기기〉

냄비 3개, 나무주걱 3개, 200°C 온도계 3개, 모양틀, 전자저울, 일반조리기구

〈방법〉

(1) 재료를 계량한다.

A : 오렌지주스 1컵, 펙틴 4g, 설탕 100g

B : 오렌지주스 1컵, 펙틴 4g, 설탕 150g

C : 오렌지주스 1컵, 펙틴 4g, 설탕 200g

(2) 냄비에 오렌지주스, 설탕을 넣은 후 나무주걱으로 저어주면서 설탕이 녹을 때까지 가열한다.

(3) 설탕이 녹으면 펙틴을 넣고 104°C까지 가열한다.

(4) 불을 끄고 모양틀이나 용기에 담아 식히고 냉장고에서 약 30분 굳힌다.

(5) 젤리의 강도, 탄력성, 맛을 비교해 본다.

플로차드(Flow chart : 흐름도)

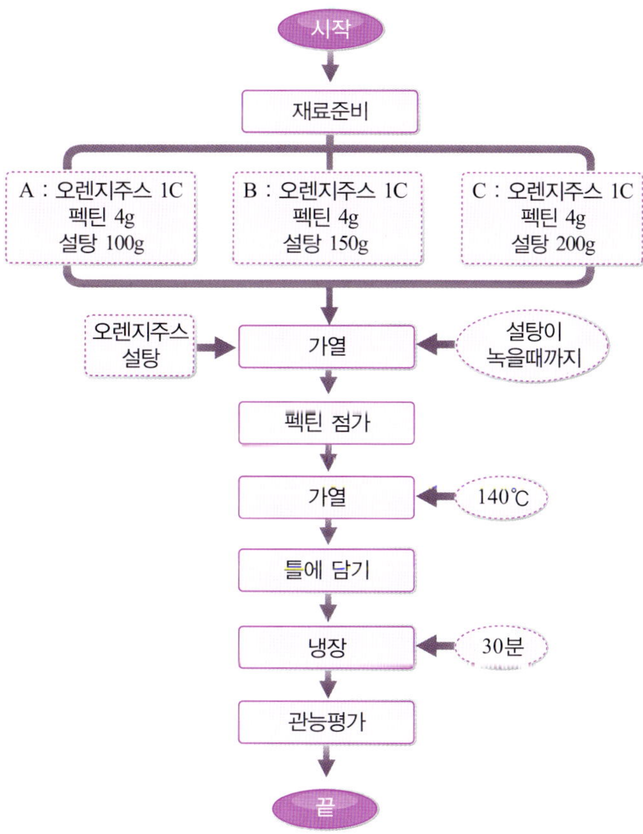

〈결과〉

구분	조건	단단한 정도	질감	기호도
A	설탕 100g			
B	설탕 150g			
C	설탕 200g			

〈문제〉

(1) 젤리 형성에 적당한 설탕의 비율은 어느 정도인가?

(2) 과일 중 펙틴의 함량을 측정하는 알코올 침전법이란 무엇인가?

실험 17 당의 종류와 레몬즙 첨가에 따른 딸기잼 품질 비교

과일은 일반적으로 조리하지 않고 생과일의 상태로 많이 섭취하지만 저장기간을 향상시키기 위하여 가열조리 하기도 한다.

가열된 과일은 생과일과 달리 몇 가지 변화가 나타난다. 첫째로 질감이 변화되는 것인데, 세포 내의 섬유소가 연화되고 세포막이 변성되며 과육은 생과일일 때와는 달리 투명하게 된다. 둘째는 조직이 연화되는 것인데, 세포 사이에 존재하는 불용성의 프로토펙틴(protopectin)이 가열에 의해 용해성의 펙틴으로 전환된다. 이때 설탕물을 사용하여 조리하면 조직의 연화가 지연되는 효과를 얻을 수 있다. 셋째는 색의 변화인데, 과육에 존재하는 유기산이나 조리수의 산-알칼리 정도 또는 무기질 등에 의해 과육의 색이 변화된다. 넷째는 향미의 변화인데, 휘발성 유기산이 휘발되어 상큼한 과일의 향이 사라지게 된다.

우수한 품질의 딸기잼을 만들기 위한 조건은 펙틴의 농도가 0.5~1.5%, pH가 2.8~3.4, 당의 함량이 60~65%일 때이다. 또한 잼을 만들기 위해서는 적당히 잘 익은 과일을 선택해야 하는데 과숙된 과일의 경우는 펙틴이 효소에 의해 분해되기 때문에 겔 형성이 어렵고, 미숙한 과일의 경우는 프로토펙틴이 많아서 물에 녹지 않으므로 겔이 잘 형성되지 않기 때문이다.

딸기잼을 만들 때에 전자레인지로 가열을 한 경우가 가스레인지를 이용한 경우에 비해 색이 더 잘 보존되나 실온에서 잼을 저장하는 과정에서는 퇴색이 현저히 나타난다. 단시간 가열로 딸기잼을 만들면 조직 내에 산소가 남아 안토시안 색소와 반응하여 퇴색되는 경우가 있으므로 세포의 호흡에 필요한 산소를 소비할 수 있도록 서서히 가열하여야 색이 선명한 딸기잼을 얻을 수 있다.

딸기잼에 레몬즙을 첨가하면 pH가 저하되고 안토시안 색소는 산성 조건하에서 보라색에서 붉은 색이 강화되는 현상이 나타나므로 보다 선명한 붉은 색을 띠게 되어 빨간 딸기잼을 만들 수 있게 된다.

〈목적〉

당의 종류와 레몬즙의 첨가에 따라 만들어진 딸기잼을 비교하여 우수한 품질의 딸기잼 만드는 방법을 알아본다.

〈재료 및 분량〉

딸기(가식부) 800g, 흰설탕 240g, 올리고당 240g 레몬즙 100mL

〈기구 및 기기〉

계량컵, 나무주걱, 냄비, 전자저울, 일반조리기구

〈방법〉

(1) 딸기는 깨끗이 씻어서 꼭지를 떼고 200g씩 4그룹으로 나눈다.

(2) 그룹으로 나눈 딸기는 8조각 정도로 잘게 잘라준다.

주의

잼을 끓이기 전에 딸기를 미리 잘게 썰어두면 나중에 많이 으깨지 않아도 된다.

(3) 각각의 딸기에 설탕과 올리고당을 첨가한다.

A : 딸기 200g, 흰설탕 120g

B : 딸기 200g, 올리고당120g

C : 딸기 200g, 흰설탕 120g, 레몬즙 50mL

D : 딸기 200g, 올리고당120g, 레몬즙 50mL

주의

- 딸기는 꼭지를 제거한 무게의 60%에 해당하는 당류를 첨가한다.
- 딸기에 당류를 미리 첨가하여 두면 수분이 생겨 조리하기 편리하다.

(4) 센 불에서 약 10분간을 가열하면서 생기는 거품은 거두어낸다.

주의

잼을 만들면서 생기는 거품은 수저로 거두어내면 깔끔한 잼이 만들어진다.

(5) 중불로 줄여 딸기를 으깨어준 다음 딸기잼이 넘치지 않도록 저어 준다.

(6) 스푼 테스트를 통해 잼이 완성될 때까지 가열한 다음 시간을 기록한다.

(7) 관능평가를 실시한다.

참고

- 스푼 테스트는 200mL의 비이커에 냉수를 담고 저어주던 스푼으로 떨어뜨려 잼이 퍼지지 않고 그대로 모양을 유지하는 시점을 알아내는 것이다.
- 당도계나 색차계로 측정하면 정확하게 평가할 수 있다.

플로차트(Flow chart : 흐름도)

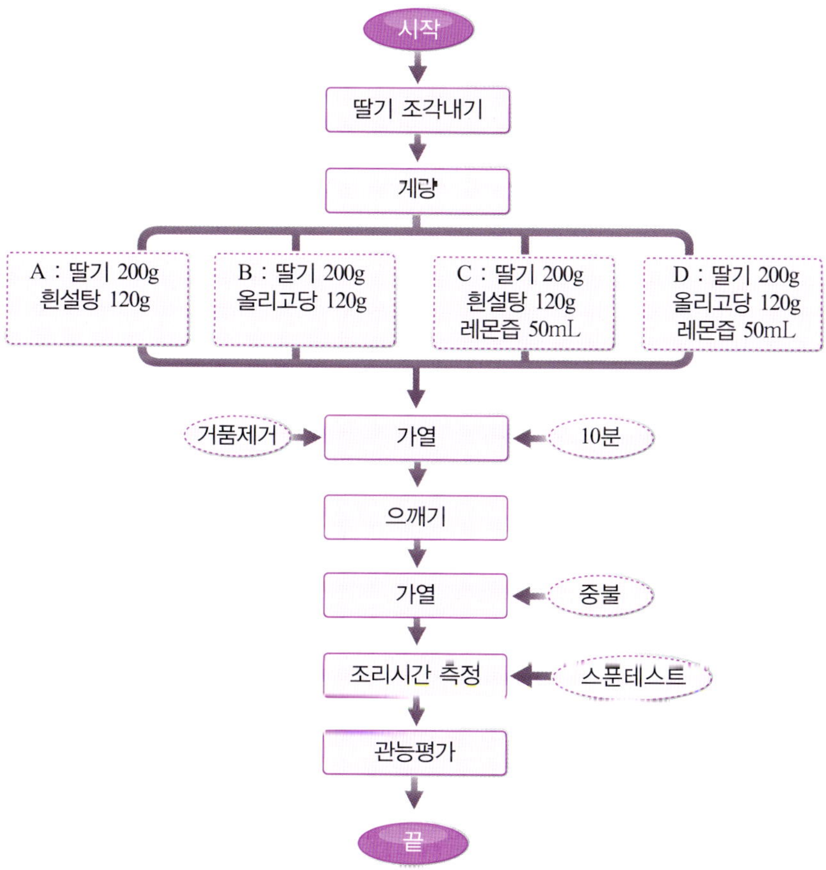

〈결과〉

구분	조건	조리시간	관능평가			
			단맛	색	질감	기호도(순위)
A	흰설탕 120g					
B	올리고당 120g					
C	흰설탕 120g 레몬즙 50mL					
D	올리고당 120g 레몬즙 50mL					

〈문제〉

(1) 딸기잼의 거품을 걷어 내는 이유는 무엇인가?

(2) 실험조건 중 딸기잼의 색을 좋게 하는 첨가물은 무엇이며 그 이유는 무엇인지 서술하시오.

(3) 올리고당을 첨가한 잼과 설탕을 첨가한 잼의 차이는 무엇인가?

실험 18 겨자집의 표준화

겨자는 온대지방에서 주로 재배되고 있지만 남부유럽, 아프리카 북부와 서아시아 일대가 원산지이다. 둥글고 작은 씨를 갈아서 물이나 육수로 개면 발효하는 과정에서 톡 쏘는 매운 맛이 난다. 갠 겨자는 따뜻한 곳에 어느 정도 두면 겨자 속에 들어 있는 시니그린(sinigrin)이 다른 세포 중의 미로시나아제(myrosinase)에 의하여 분해되어 자극적인 매운 맛을 내게 된다.서양에서 머스터드는 스테이크나 소시지나 핫도그 등에 곁들여 먹고 있으며 샐러드드레싱이나 소스 등을 만들 때도 사용된다. 우리나라에서는 냉면, 겨자채, 회 등에 빠질 수 없는 향신료이다.

겨자를 요리에 사용할 때는 식초와 설탕을 약간 섞어서 쓰는데, 필요에 따라서 닭국물이나 잣즙과 같은 맛있는 국물을 섞으면 특이한 맛을 얻을 수 있다. 서양의 겨자는 기름을 짜낸 부산물로 만들기 때문에 매운맛이 덜하고 질이 쉽게 변하지 않으므로 최근에는 한국에서도 서양식 겨자를 많이 사용하고 있다. 또한, 사용하기 편한 튜브식 연겨자도 여러 가지 요리에 많이 쓰이고 있다.

한국요리에서 겨자집은 구절판이나 호박선 등에 다양하게 이용되는데 톡 쏘면서도 너무 자극적이지 않으면서도 맛있 매운 맛을 내기가 쉽지 않다.

〈목적〉

첨가되는 부재료의 종류와 양 등이 다른, 요리연구가들의 레시피를 직접 만들어 보고 그 중에서도 가장 맛있는 겨자집의 분량을 제시한다.

〈재료 및 분량〉

겨잣가루, 따뜻한 물(육수), 식초, 설탕, 간장 각각 1컵, 소금 2큰술, 마늘 2쪽, 꿀 1작은술

〈기구 및 기기〉

일반 조리기구, 계량스푼, 거즈

〈방법〉

(1) 겨잣가루를 따뜻한 물로 개어서 그릇을 거즈로 싼 다음, 따뜻한 곳에서 약 10분 동안 발효시킨다.

(2) 발효된 겨자에 물을 부어 잠시 쓴맛을 우려낸 후, 그 물은 버리고 다음 각 시료별로 겨자집을 만든다.

(3) 각 시료에 대해 관능검사를 실시하여 그 결과를 기록한다.

A : 겨잣가루 $1\frac{1}{2}$큰술, 식초 각각 $1\frac{1}{2}$ 큰술, 따뜻한 물 1큰술, 설탕 2큰술, 간장 1큰술, 소금 약간

B : 겨잣가루 1큰술, 식초 1큰술, 따뜻한 물 1큰술, 설탕 $\frac{1}{2}$큰술, 마늘 1작은술

C : 겨자 1큰술, 식초 2큰술, 설탕 1큰술, 간장 1작은술, 꿀 1작은술, 마늘 1작은술

D : 그 밖에 적당량의 비율을 조별로 찾아본다.

참고

- 발효시킨 겨자는 물을 붓고 얼마간 두었다가 윗물을 따라 내면 특유의 쓴맛이 제거된다.
- 겨잣가루에 물을 붓고 따뜻한 곳에 얼마간 두어야지만 시니그린이 분해되어 매운맛을 낸다.
- 겨자즙에 닭국물이나 잣즙 등을 섞으면 특이한 맛을 낼 수 있다.

〈결과〉

평가 \ 시료	A	B	C	D
단 맛				
신 맛				
매운맛				
색				
묽은 정도				
전체적인 평가				

플로차트(Flow chart : 흐름도)

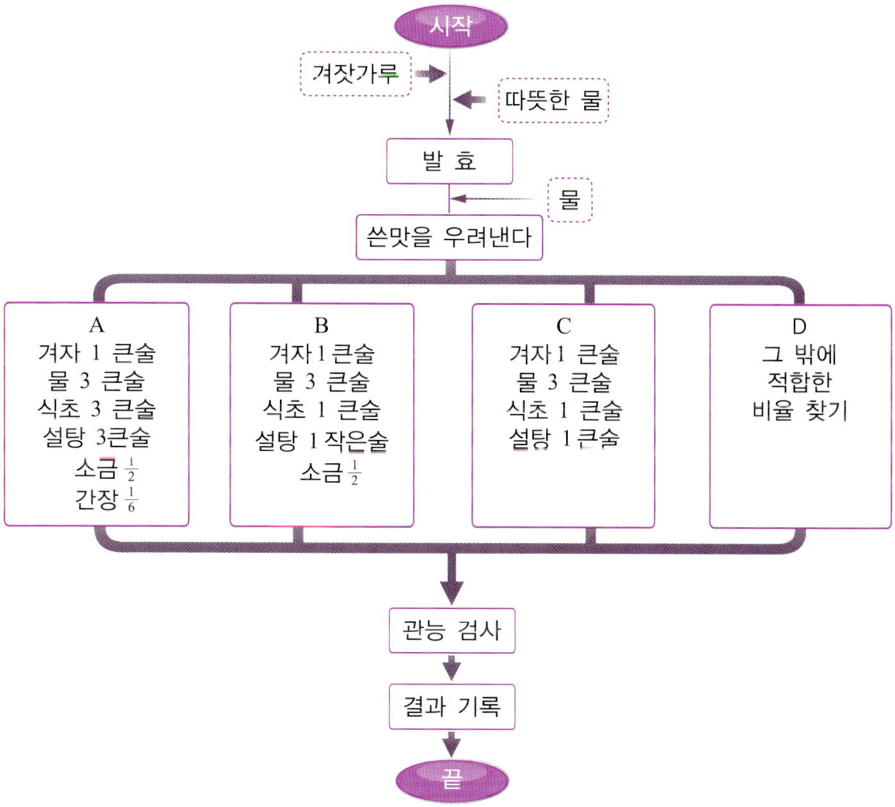

〈문제〉

(1) 겨자소스를 만드는데 있어서 발효가 필요한 이유는 무엇인가?

(2) 겨잣가루를 따뜻한 물에 발효 시키는 이유는 무엇인가?

(3) 겨잣가루를 따뜻한 물에 발효 시키는 이유는 무엇인가?

실험 19 초고추장의 표준화

우리나라의 각 가정에서는 예로부터 된장, 간장과 함께 고추장을 담가 왔다. 고추장의 원료로는 녹말, 메줏가루, 소금, 고춧가루, 물 등이 사용되어 왔다. 그리고 녹말로는 찹쌀가루, 멥쌀가루, 보릿가루, 밀가루 등을 이용했다. 그런데 그 중에서 찹쌀가루를 사용한 고추장이 가장 맛과 질이 좋다고 평가되고 있다.

고추장은 재료의 혼합비율과 숙성과정의 조건 등에 따라 그 맛이 달라진다. 재래식 메줏가루를 사용하면 당화 또는 단백질의 가수분해가 잘 이루어지지 않아서 맛이 잘 나지 않지만, 당화력과 단백질 분해력이 강한 국균으로 발효시킨 개량 메줏가루를 사용하면 훨씬 더 맛있는 고추장을 만들 수 있다.

근래에는 엿기름가루에서 아밀로오스를 추출하여 그 물로 녹말을 반죽한 후 60 이하의 온도에서 당화하고, 메줏가루와 고춧가루, 소금 등을 넣어 버무리는 것으로 고추장을 만드는 방법이 개량되기도 하였다. 이 방법은 재래식보다 윤기가 나고 단맛이 더 강하여 좋은 반응을 보이고 있다. 그 외에도 재료에 납두균(納豆菌)을 첨가하여 60~65 에서 추가 숙성시키는 방법과 밀이나 보리 등의 원료를 미리 곡류 고지분말로 만들고 여기에 콩고지, 고춧가루, 소금, 물 등을 적당한 비율로 혼합하여 2~3일 후에 바로 먹을 수 있는 방법 등이 있다.

우리 고유의 장인 고추장은 된장이나 간장과는 달리 매운맛을 내는 발효 조미료이다. 탄수화물이 가수분해되어 생긴 단맛과 콩 단백에서 오는 아미노산의 감칠맛, 고추의 매운맛, 소금의 짠맛이 잘 조화를 이루어 고추장 특유의 맛을 내는 조미료이면서 기호식품이다.

《조선요리제법》과 《조선무쌍신식요리제법》에 초고추장과 초고추장 만드는 법이 소개되어 있다. 고추장은 그 자체로 여러 가지 요리에 사용될 뿐만 아니라, 초고추장으로도 이용되고 있다. 초고추장은 고추장과 식초를 주재료로 하여 만든 양념 고추장으로 매콤한 맛과 새콤한 맛이 특징이다. 회덮밥, 생선회, 파강회, 미나리강회 등에 사용된다. 생선과 해물 및 해조류뿐만 아니라, 두릅 등의 채소와도 잘 어울린다.

〈목적〉

여러 가지 방법을 통하여 새콤달콤한 맛이 잘 어우러진 초고추장의 가장 맛있는 구성과 배합을 찾아보고자 한다.

〈재료 및 분량〉

고추장 2컵, 청주, 식초, 설탕 각 1컵, 다진 마늘 2큰술, 생강즙 1큰술, 사이다 2큰술, 레몬즙 약간

〈기구 및 기기〉

일반 조리기구, 계량 스푼

〈방법〉

(1) 다음과 같은 비율로 시료를 만든다.

(2) 각 시료에 대해 관능검사를 실시하여 그 결과를 기록한다.

A : 고추장 2 큰술, 식초 $1\frac{1}{2}$큰술, 설탕 $1\frac{1}{2}$큰술

B : 고추장 2 큰술, 식초 1 큰술, 설탕 1 큰술, 다진 마늘 $\frac{1}{2}$큰술, 생강즙 약간, 청주 약간

C : 고추장 2 큰술, 식초 $\frac{1}{3}$ 큰술, 설탕 $\frac{2}{3}$ 큰술, 사이다 2큰술, 다진마늘 약간, 생강즙 큰술, 레몬즙 1 큰술

D : 그 밖에 가장 맛있는 초고추장의 배합비율을 각 조별로 연구한다.

참고

- 초고추장은 고추장과 식초가 주재료이다.
- 레몬즙으로 신맛을, 설탕 대신 꿀 등으로 단맛을 내기도 한다.
- 그 외 배즙과 참기름, 간장을 섞어 넣기도 한다.
- 1700년대 후반부터 우리나라에서는 고추장을 담그기 시작하였고 1800년대 초의 《규합총서》에는 순창고추장과 천안고추장이 명물로 소개되어 있다.

플로차트(Flow chart : 흐름도)

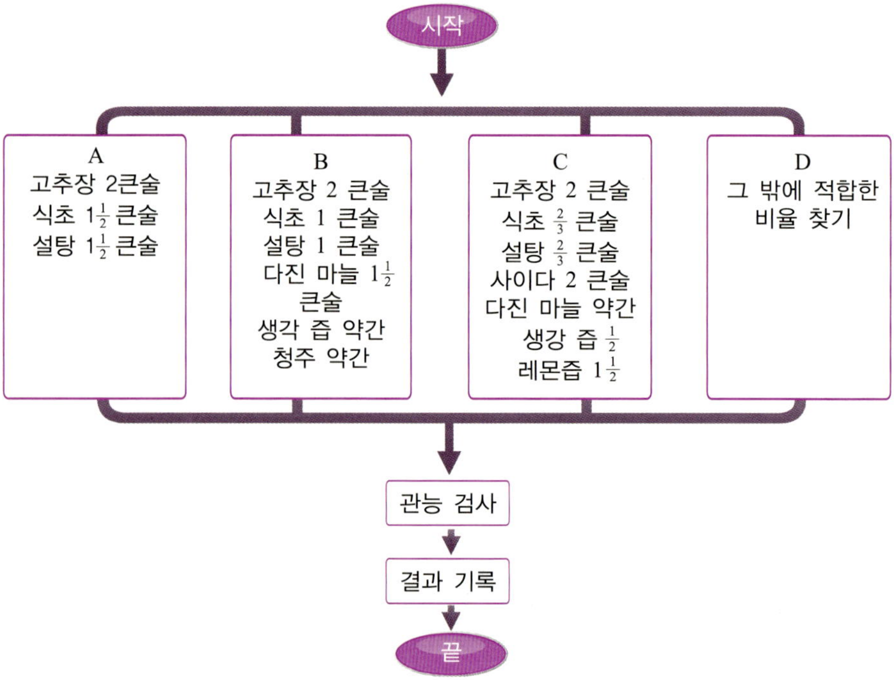

〈결과〉

시 료 / 평 가	A	B	C	D
단 맛				
신 맛				
매 운 맛				
전체적인 평가				

〈문제〉

(1) 고추장 만드는 방법을 설명하세요.

(2) 고추장을 이용한 양념의 종류와 만드는 방법을 조사하시오.

(3) 초고추장이 곁들여 지는 음식에는 어떤 것들이 있나요?

실험 20 물의 양이 밥 짓기에 미치는 영향

쌀의 생전분이 물과 열에 익은 전분인 밥으로 변하는 것이 대표적인 호화이다. 호화현상은 열에너지에 의해 물 분자의 운동 에너지가 커지면서 전분 분자 간의 수소결합을 끊고 그 속으로 침투되면서 일어나게 된다. 또 팽윤된 입자에서 아밀로오스 분자의 일부가 분해되어 유리되면서 점성이 증가하는데, 그 과정은 3 단계로 설명할 수 있다.

첫째 단계는 전분에 물을 첨가한 후에 가열하기 전의 상태로, 보통 20~30%의 물을 흡수한다. 외관상의 큰 변화는 없으며, 이 흡수과정은 가역적 반응이다.

둘째 단계는 가열이 이루어지는 것으로, 물의 흡수량이 급증하면서 급속한 팽윤이 일어나며, 흡수과정은 비가역적이어서 건조시키기 어렵다.

셋째 단계는 온도가 계속 상승하여 전분이 호화온도에 도달하면 전분 입자들은 붕괴되면서 아밀로오스와 아밀로펙틴 분자들이 빠져 나오고 전분현탁액은 콜로이드 용액으로 변하면서 호화가 완성된다.수분량이 밥짓기에 미치는 영향

밥을 짓기 위해서는 씻기 불리기 → 물 조절 → 가열 → 뜸 들이기의 단계로 이

루어지는데, 맛있는 밥이란 적당한 물의 조절과 가열로 쌀 전분이 중심부까지 완전히 호화되어 수화가 적당하면서 쌀알의 형태를 유지하고 적당한 끈기를 가진 것을 말한다. 쌀 씻기는 불순물을 제거하기 위한 목적이며 씻는 동안 약 10% 정도의 수분이 흡수된다. 그러나 씻는 과정에서 수용성 단백질, 비타민과 무기질 등이 일부 소실된다.

담그기는 씻은 쌀에 미리 물을 흡수시키기 위한 목적으로 하며, 가열할 때에 중심부까지의 물의 침투가 용이해 쌀의 호화가 균일하게 이루어진다. 담그기 과정을 통해 일어나는 물의 흡수는 일정시간이 지나면 최대치에 도달, 흡수가 중지되는데, 백미의 경우에 최대 흡수량은 약 20~30%이며, 물이 흡수되는 속도는 물의 온도에 비례한다.

보통 맛있게 지어진 밥이란 무게가 2. 2~2. 4 배로 증가한 것인데 쌀과 밥물의 비율은 쌀의 종류와 건조도에 따라서 가감이 되지만, 보통 백미는 쌀 1에 물 1.2 ~1.4의 비율로 붓는 것이 좋다.

〈목적〉

밥 짓는 데 사용되는 물의 양에 따른 무게의 변화와 경도, 점도 , 맛에 대한 영향을 비교하여 가장 적절한 물의 양을 파악한다.

〈재료 및 분량〉

멥쌀 4컵

〈기구 및 기기〉

저울, 계량 컵, 시계, 일반 조리용구

〈방법〉

(1) 다음과 같은 방법으로 시료를 준비하고 실험을 실시한다.
(단, 불의 강도와 냄비는 동일할 것)

(2) 밥이 완성된 후의 무게 비교를 위하여 멥쌀 1컵의 무게를 미리 측정한다.

A : 멥쌀 1컵을 3 회 가볍게 씻은 후 불리지 않고 바로 물기를 뺀 다음 물 1.2 컵 을 넣어 밥을 짓는다. 밥이 될 때까지의 시간을 기록한다.

B : 멥쌀 1컵을 3 회 가볍게 씻은 후 60분간 불린(여름 : 60분, 겨울 90분) 다

음, 물기를 빼고 물 1.2컵 을 넣어 밥을 짓는다. 밥이 될 때까지의 시간을 기록한다.

C : 멥쌀 1컵을 3 회 가볍게 씻은 후 불리지 않고 바로 물기를 뺀 다음, 물 1.5컵 을 넣어 밥을 짓는다. 밥이 될 때까지의 시간을 기록한다.

D : 멥쌀 1컵을 3 회 가볍게 씻은 후 60분 동안 불린(여름 : 60분, 겨울 90분) 다음, 물기를 빼고 물 1.5컵 을 넣어 밥을 짓는다. 밥이 될 때까지의 시간을 기록한다.

(3) 완성된 밥의 무게를 측정하고 밥알의 호화 정도와 점성 등을 비교한다.

플로차트(Flow chart : 흐름도)

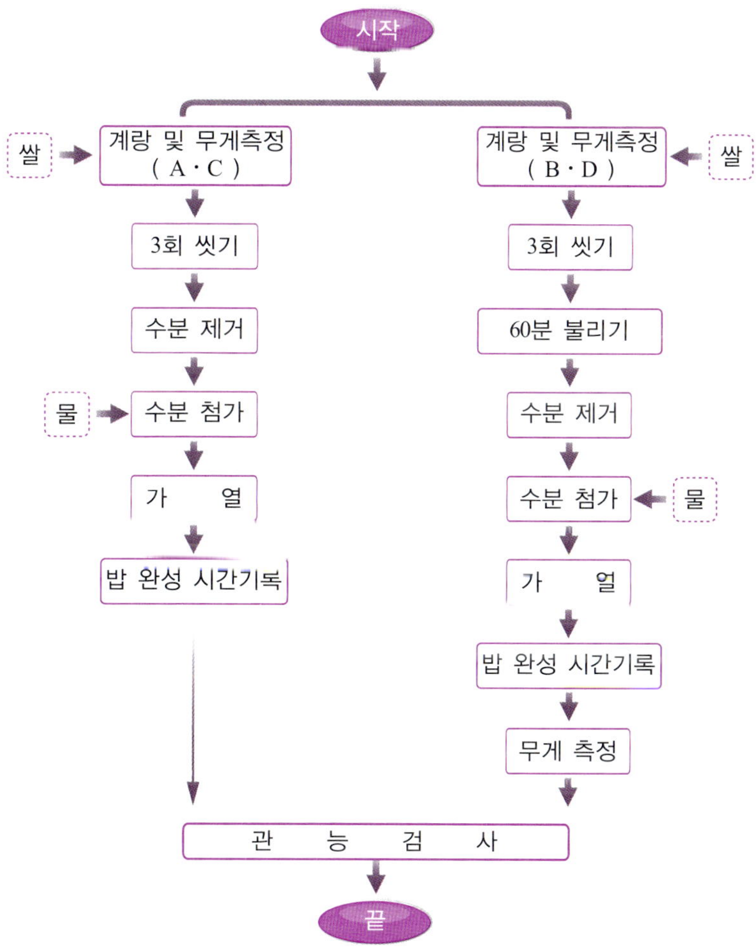

참고

- 물의 양은 쌀의 건조도에 따라 다르다. 보통 햅쌀은 적게, 묵은쌀은 많이 붓는다.
- 전기밥솥이 아닌 냄비로 밥을 할 때는 처음에는 불을 세게 하여 끓어오르면 냄비 뚜껑을 열어 주걱으로 저어준 뒤에 뚜껑을 덮고 약불로 낮춘다. 다시 끓어오르면 주걱으로 한번 더 저어 준 뒤에 뚜껑 덮고 12~14분 정도 끓인다. 또 다시 저어 준 후에 뚜껑 덮고 10분 정도 뜸을 들이면 실수하지 않고 완성할 수 있다.
- 압력솥에서는 센불로 시작하여 추가 울리면 2분 동안 그대로 두었다가 불을 끄고 김이 빠질 때까지 기다린 후에 뚜껑을 연다.

〈결과〉

	물의 양(컵)	불리기 여부	밥 완성 시간	밥의 무게	밥알의 부드러움	밥알의 점성
A	1.2					
B	1.2					
C	1.5					
D	1.5					

〈문제〉

(1) 고추장 만드는 방법을 설명하세요.

(2) 고추장을 이용한 양념의 종류와 만드는 방법을 조사하시오.

(3) 초고추장이 곁들여 지는 음식에는 어떤 것들이 있나요?

실험 21 쌀알의 크기에 따른 죽의 기호도 비교

죽(粥)이란 곡류에 다량의 물을 첨가하고 오래 끓여서 녹말이 충분히 호화된, 소화되기 쉬운 상태의 음식을 이르는 말이다. 우리나라에서는 밥의 형태보다 죽의 형태가 먼저 이루어졌으며, 곡류에 다양한 식품재료를 혼합하여 약 170 여 종의 죽요리가 조선시대의 문헌에 나온다.

죽의 의의를 살펴보면, 첫째는 어려운 시절의 구황식으로 여러 사람이 나누어 먹을 수 있고, 둘째는 몸이 허약한 노약자의 보양식으로 소화되기 용이하여 원기를 북돋울 수 있으며, 셋째는 기호성을 중시하는 별미식으로 식욕을 높이며, 위에 부담을 줄일 수 있다.

쌀을 재료로 하여 끓이는 죽은 4 가지로 구분할 수 있다. 즉, 쌀알의 형태를 그대로 보이게 쑨 옹근죽, 쌀알을 굵게 갈아서 쑨 원미죽, 쌀알을 곱게 갈아서 쑨 무리죽, 빽설기를 쪄서 말린 다음에 가루로 내어 쑨 쌀암죽 등이 있다.

죽을 맛있게 쑤려면 우선 곡물을 물에 담가 불림으로써 충분히 수분을 흡수시켜야 한다. 죽에 넣을 물은 계량하여 처음부터 함께 넣어 끓여야 하며, 부족한 물을 도중에 보충하면 죽 전체가 어우러지지 않으므로 피한다. 죽을 쑤는 용기는 서서히 오래 끓일 수 있도록 두꺼운 재질로 제작된 것을 선택한다.

불의 세기는 센 불에서 한 번 끓인 후에 반드시 약한 불로 은근히 끓여야 하며, 죽을 쑤는 동안에 너무 자주 젓지 않도록 하고 반드시 나무주걱을 사용한다.

간을 맞출 때는 완전히 죽이 쑤어진 후에 약한 간을 하는 것이 좋으며, 먹는 사람의 기호에 따라 먹을 때에 간을 하면 죽이 삭지 않는다. 《조선무쌍신식요리제법》에 의하면, 맛있는 흰죽은 늦게 거둔 쌀로 쑤는 것이 좋으며, 돌솥이나 무쇠솥을 쓰는 것이 좋고, 물은 단물이 좋으며 물이 나쁘면 색이 누렇게 되고 맛이 제대로 나지 않는다고 하였다.

임원경제지 에 의하면 아침에 일어나 위가 허한 상태에서 죽을 먹으면 봄에도 좋고 부드럽고 매끄러워서 소화가 잘 된다고 씌어 있다. 궁중에서는 아침 식사 전에 초조반이라고 하여 죽을 올리는 풍습이 있었으며, 일반 가정에서도 자릿조반이라고 하여 노인들에게 죽을 끓여드리는 풍습이 있었다.

〈목적〉

죽을 끓일 때, 쌀알의 크기에 따른 조리시간과 맛에 대한 기호도를 비교 고찰한다.

〈재료 및 분량〉

불린 쌀 $1\frac{1}{2}$ 컵, 참기름 2큰술

〈기구 및 기기〉

믹서 1 개, 고운 체 1 개, 나무주걱, 일반 조리용구, 계량 스푼, 초시계

〈방법〉

(1) 쌀은 씻은 후 2 시간 이상 불려서 물기를 제거한다.

(2) 다음과 같이 시료를 준비한다.

A : 쌀 $\frac{1}{2}$ 컵, 물 3컵, 참기름 1작은술
B : 쌀(거칠게 간 것) $\frac{1}{2}$ 컵, 물 3컵, 참기름 1작은술
C : 쌀(곱게 간 것) $\frac{1}{2}$ 컵, 물 3컵, 참기름 1작은술
(믹서에 쌀과 물을 넣고 곱게 간 다음에 체로 거른다)

(3) 두꺼운 냄비에 참기름을 두르고 A, B, C의 쌀을 냄비에 각각 넣은 후에 나무주걱으로 볶는다.

(4) 분량의 물을 각각 넣고, 끓으면 불을 줄여 은근한 불에서 끓이다가 밥알이 투명해지면 불을 끄고 조리시간을 측정한다.

(5) 관능검사를 실시한다.

플로차트(Flow chart : 흐름도)

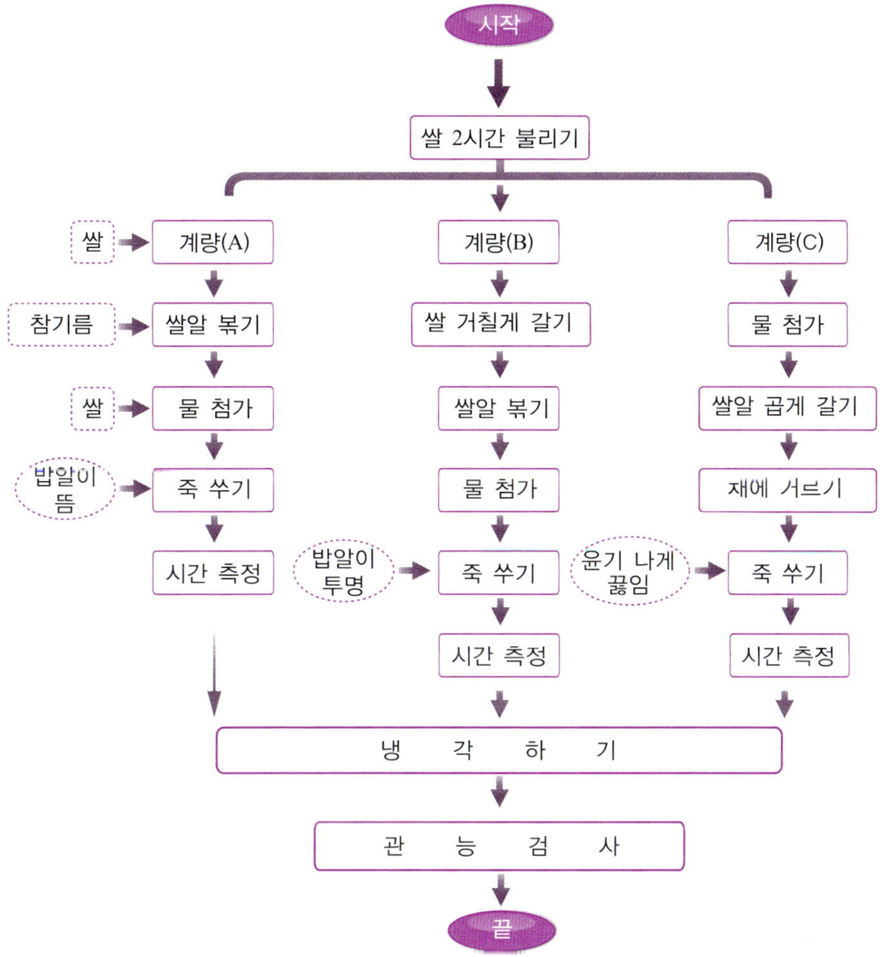

〈결과〉

죽의 종류	알갱이 형태	조리시간	질 감	점 도	기호도
A					
B					
C					

〈문제〉

(1) 쌀알의 크기에 따른 적정한 물의 양은 ?

(2) 호화과정을 설명하시오

(3) 무리죽의 종류를 나열하시오

참고

- 죽은 오래 끓이면 삭아서 묽어지므로 주의한다.
- 죽은 보통 소금으로 간을 맞추는 데 미리 넣으면 삭기 때문에 먹기 직전에 넣어 간을 맞추는 것이 좋다 .
- 잣죽을 쑬 때는 쌀과 잣을 한데 섞어서 갈지 않도록 한다. 끓은 후에 분리되기 쉽고 죽을 삭게 하는 원인이 되기도 한다.
- 죽상 차림에는 보통 장김치나 나박김치 등의 물김치류와 북어 보푸라기와 같은 마른 찬이 곁들여진다.

실험 22 쌀가루 첨가량 및 반죽 물의 온도에 따른 경단의 질감 비교

곡물이 생산되고 화식(火食)을 하면서부터 조상들은 떡을 자연적으로 만들어 먹게 되었는데 이것이 오랜 시간을 거쳐 다양하게 발전하여 왔다. 떡은 한자로 병(餠)이라고도 한다. 병은 중국에서는 밀가루로 만든 떡을 지칭하지만, 우리나라에서는 밀가루 떡뿐만 아니라 모든 떡을 포함하는 것으로 사용되고 있으며, 밀가루 이외의 곡분을 시루에 넣어서 쪄낸 것을 이(餌)라고 하며, 밀이 아닌 곡물의 낟알을 그대로 찐 다음에 이것을 쳐서 만든 떡을 자(餈)라 한다.

떡은 오랜 세월 먹었던 우리의 전통음식 중의 하나이고, 통과의례 등의 의례음식으로, 각종 행사에 빠지지 않고 중요한 음식으로 이용되어 왔다. 떡은 주로 곡류를 간 가루에 여러 가지 부재료를 섞어서 만든다. 그 방법에 따라 찌는 떡, 치는 떡, 지지는 떡, 삶는 떡으로 크게 나눌 수 있다.

찌는 떡에는 백설기, 시루떡, 송편, 증편 등이 있다. 치는 떡에는 인절미 · 쑥절편 · 밤단자 등이 있고, 지지는 떡에는 화전 · 부꾸미 · 수수전병 등 그리고 삶는 떡에는 경단 등이 대표적이다.

경단은 곡물가루를 빚거나 구멍을 내어 구멍 떡으로 만든 후, 끓는 물에 삶아 건져 고물을 묻히는 떡이다. 이 때 사용하는 곡물로는 찹쌀 · 감자 · 차수수 · 멥쌀 · 율무 · 메밀 등이 있으며 고물로는 콩 · 녹두 · 깨 · 대추 · 밤 · 팥 등을 사용했다는 기록이 있다.

떡은 재료가 되는 가루와 물의 배합이 잘 맞아야 설익거나 질지 않게 된다. 보통 쌀 800g(소두 1되)을 물에 불려 빻을 때 1작은술의 소금으로 간을 하여 빻으면 12컵(1㎏) 정도의 쌀가루가 나온다. 멥쌀가루를 빻아 물을 훌훌 뿌려 가며 손으로 비벼서 체에 치는 것을 '물 내린다' 라고 하는데 방앗간에서 바로 빻아 왔을 경우에 쌀가루 1컵에 1큰술 정도의 물을 넣어 골고루 비벼 체에 내리면 알맞은 물의 양이 된다. 쌀가루가 말라 있는 정도에 따라 물의 양이 달라지는데 물의 양이 적당한지를 알아보려면 물을 내린 후 쌀가루를 손으로 뭉쳐 살짝 던져 보아서 덩어리가 깨지지 않으면 된다.

《임원십육지》나 《동국세시기》등에도 경단에 대한 기록이 있는데, 경단을 만드는 법에는 두 가지가 있다. 하나는 소금 간을 하여서 빻은 찹쌀가루를 익반죽하여 끓는 물에 삶아낸 다음에 고물을 묻히는 방법이고, 또 하나는 삶아 건진 반죽을 그릇에 담고 방망이로 찧어 차지게 만든 다음에 꿀을 묻힌 손으로 조금씩 떼어 밤소나 팥소 등을 조금씩 넣고 다시 둥글게 빚어 고물을 묻히는 방법이다.

〈목직〉

경단을 만들 때, 쌀가루의 첨가량과 반숙할 때의 수온에 따른 맛의 차이를 알아본다.

〈재료 및 분량〉

찹쌀가루 270 g, 쌀가루 20 g, 볶은 콩가루 150 g

〈기구 및 기기〉

저울, 100℃ 온도계, 100㎖ 메스실린더, 구멍국자, 일반 조리용구

〈방법〉

(1) 다음과 같이 시료를 준비한다.

A : 찹쌀가루 100 g, 찬물 15㎖

B : 찹쌀가루 100 g, 끓는 물 15㎖

C : 찹쌀가루 90 g, 쌀가루 10 g, 찬물 15㎖

D : 찹쌀가루 90 g, 쌀가루 10 g, 끓는 물 15㎖

(2) 볼에 가루와 물을 각각 넣고 섞는다.

(3) 물이 골고루 섞이면 손으로 치대어 40 번 반죽한 후에 내부온도를 측정한다.

(4) 반죽을 잡아당겨서 경도를 측정하고, 지름 1.5 cm 정도의 경단을 만든다.

(5) 냄비의 물이 끓어오르면 경단을 넣고, 경단이 떠오르면 10초 후에 구멍국자를 이용하여 꺼낸 다음, 경단의 내부온도를 측정한다.

(6) 만들어진 경단에 콩고물을 묻혀서 서로 달라붙지 않도록 한다.

(7) 20분 경과 후(경단이 식은 후)에 결과를 고찰한다.

〈결과〉

시료	A	B	C	D
반죽의 내부 온도				
반죽의 경도				
경단의 내부 온도				
경단의 맛				
경단의 모양				
입안의 촉감				

플로차트(Flow chart : 흐름도)

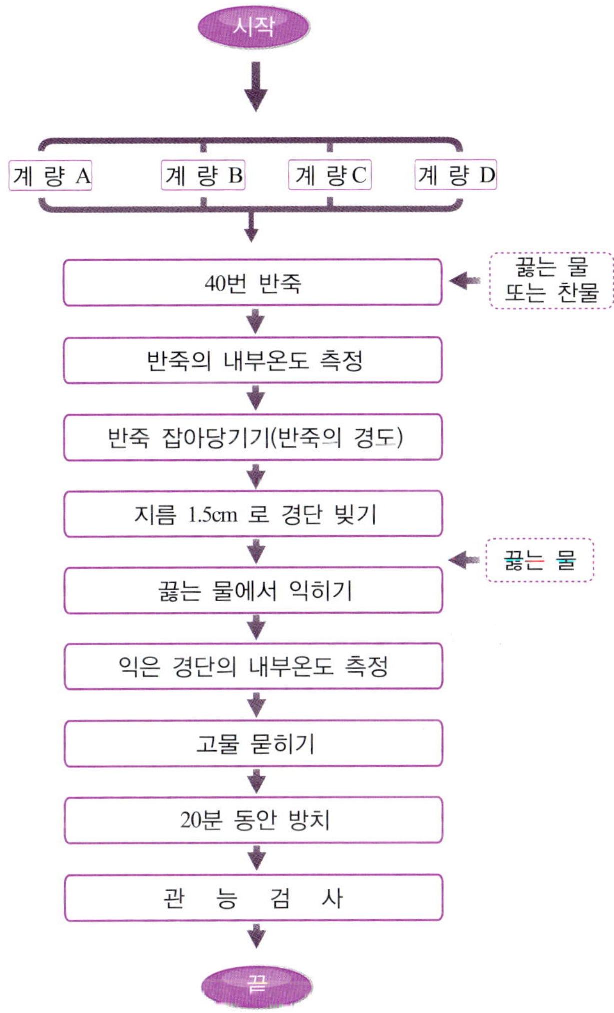

참고

- 경단은 너무 오래 삶으면 퍼지므로 주의한다.
- 오미자, 쑥, 치자 등의 천연 재료를 이용하여 여러 가지 색을 내는 데 이는 떡의 색이나 맛 뿐 만 아니라 각각의 약리적 사용과 효능도 있다.
- 떡을 만들 때에 찹쌀가루만으로 하면 차지고 쫄깃한 맛은 있지만 늘어지는 단점이 있고, 멥쌀가루를 섞어서 빚으면 떡이 늘어지는 것을 보완할 수 있고 동그란 모양도 잘 살릴 수 있는 장점이 있다.

〈문제〉

(1) 멥쌀가루의 혼합률이 높아지면 어떻게 되는가?

(2) 경단이 떠오르면, 10 초 동안 두는 이유는 무엇 때문인가?

(3) 반죽할 때에 끓는 물의 효과는 어떤 것인가?

실험 23 수분 및 설탕의 양에 따른 백설기 질감 비교

백설기는 고운 쌀가루에 물이나 꿀 또는 시럽 등으로 물을 첨가한 후, 체에 쳐서 시루에 안쳐 찌는 가장 기본이 되는 흰 무리떡으로《규합총서(閨閤叢書) 1815》에서 '백설고(白雪)'로 기록된 이후, 계속 이용해 온 전통적 시루떡이다. 흰 눈과 같다는 의미의 백설기는 예로부터 순진무구하고 신성한 것으로 여김으로써 아이의 삼칠일, 백일, 첫돌 등의 상차림에 빠지지 않았던 음식이다. 쌀가루에 물이나 꿀 또는 시럽을 첨가하는 것은 수분함량을 조절하는 과정으로, 빻은 쌀가루의 수분 함량에 따라 가감 조절한다.

즉, 떡을 찌는 과정에서 호화되는 데 필요한 수분을 고려할 때, 쌀가루의 수분 함량을 33~38% 정도로 하면 좋다. 일반적으로 찌는 떡의 경우, 쌀가루의 10% 내외의 수분을 첨가한다. 수분을 첨가한 쌀가루를 체에 내림으로써 쌀가루 입자를 고르게 하고 또 쌀가루에 수분이 골고루 섞일 수 있도록 함으로써 떡이 잘 익게 되고 완성된 떡은 탄력성을 지니게 된다. 쌀가루의 입자가 거칠고 균일하지 못하면 완성된 떡의 질감이 단단해지므로 미세하고 균일한 떡가루 입자를 위하여 20~30

mesh 정도의 체를 사용하면 좋다. 한편, 체에 내릴 때는 신속하게 내려주어야 한다. 이는, 실온에서 오래 방치할 경우, 쌀가루에 함유된 수분이 감소될 우려가 있기 때문이다.

설탕 및 꿀이나 시럽 등은 떡의 감미를 증진시킬 뿐만 아니라 그러한 것들이 가지고 있는 흡습성으로 인하여 떡의 노화를 지연시킬 수 있다.

쌀가루를 시루나 찜기에 안칠 경우에는 반드시 김이 오른 후에 얹어야 하며 찜기의 위와 아래가 잘 맞도록 함으로써 증기가 새지 않도록 하는 것이 중요하다. 떡을 찔 때, 생성된 수증기가 물방울을 형성하여 떡의 표면에 떨어지는 현상을 방지하기 위하여, 반드시 쌀가루의 표면을 행주로 덮어 주는 것이 좋다.

떡을 찌는 시간은 떡의 종류마다 조금씩 다르지만, 일반적으로 멥쌀의 경우는 20~30 분이 소요되고, 찹쌀의 경우는 30~40 분이 소요된다. 백설기는 햇볕에 잘 말려서 고운 가루로 만들어 이유식인 암죽을 쑤어 먹거나 백설기 가루에 꿀을 섞어서 다식을 만들어 먹기도 한다.

〈목적〉

백설기를 만들 때에 첨가하는 물의 양과 설탕의 양이 떡의 질감에 미치는 영향을 파악한다.

〈재료 및 분량〉

쌀가루 600g, 소금 4g, 설탕 100g

〈기구 및 기기〉

지울, 중간체, 소형 무스틀 (50×122×77㎜) 4 개, 면보자기, 일반 조리용구

〈방법〉

(1) 쌀을 씻은 다음 6 시간 이상 불린 후 소금을 넣지 않고 빻는다.

(2) 다음과 같이 시료를 만든다.

A : 쌀가루 150g, 소금 1g, 물 22. 5g(15%), 설탕 22. 5g

B : 쌀가루 150g, 소금 1g, 물 30g (20%), 설탕 22. 5g

C : 쌀가루 150g, 소금 1g, 물 30g, 설탕 15g (10%)

D : 쌀가루 150g, 소금 1g, 물 30g, 설탕 30g (20%)

(3) 쌀가루에 소금과 물을 넣고 손으로 골고루 섞은 후에 체로 내린다.

(4) 설탕을 넣고 고르게 섞어 다시 체로 내린다.

(5) 찜기에 젖은 면 보자기를 깔고 적당한 크기의 무스 틀을 올린 후에 각각의 시료들을 넣어 표면을 편편하게 한다.

(6) 김이 나기 시작하면 찜기를 올려 10 분 동안 찐다.

(7) 3 분 동안 뜸을 들인 후에 꺼내어서 관능검사를 한다.

플로차트(Flow chart : 흐름도)

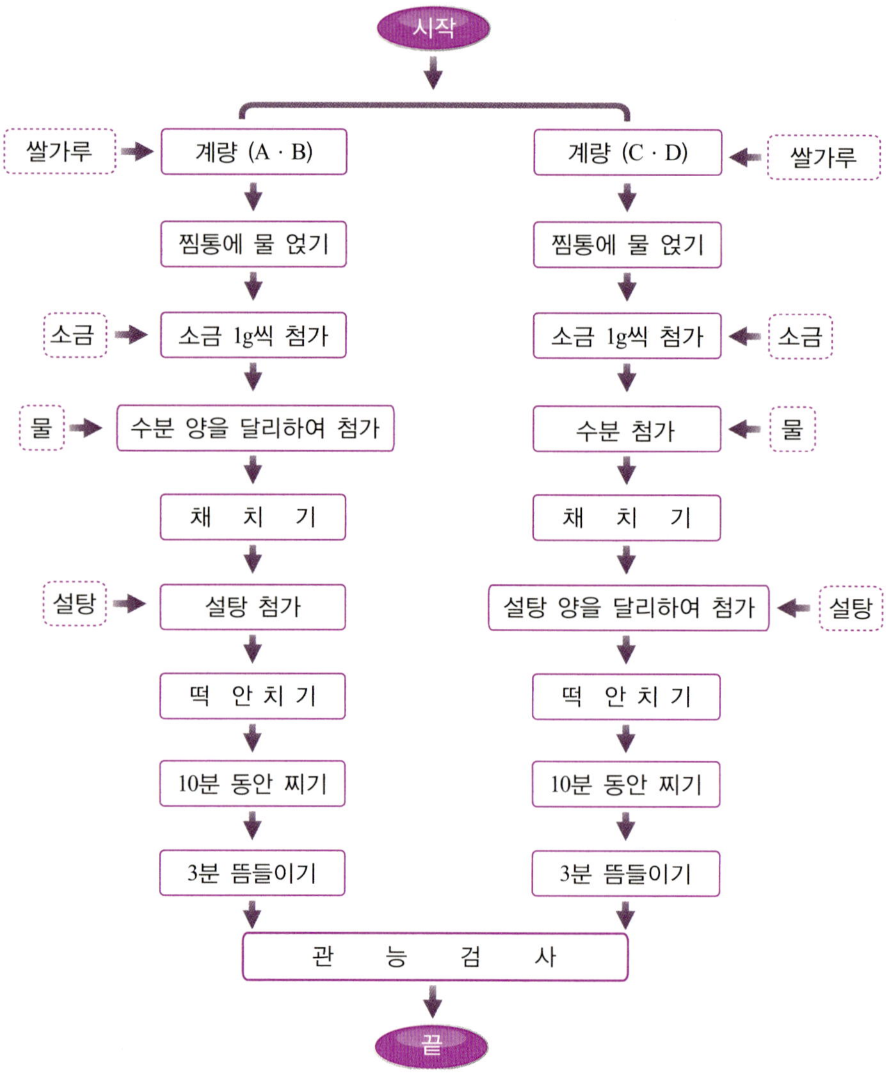

참고

- 멥쌀가루를 시루에 안칠 때는 손으로 솔솔 뿌려 가면서 안쳐야 공기가 많이 들어가서 떡이 부드럽게 잘 쪄진다. 꼭꼭 눌러 안치면 공기구멍이 막혀 설익을 수가 있으므로 주의 한다.
- 멥쌀가루를 안친 후 미리 원하는 크기로 깊숙이 칼금을 내어 찌면 나중에 떼기가 수월하다.
- 백설기를 얇게 찌고 싶을 때는 켜마다 한지를 깔고 찌면 원하는 두께 조절이 가능하다.

〈결과〉

시료	부드러운 정도	단맛의 정도	쫄깃한 정도	전체적인 기호도
A				
B				
C				
D				

〈문제〉

(1) 수분첨가량 증가에 따라 질감은 어떻게 변하는가?

(2) 수분첨가량 증가에 따라 질감은 어떻게 변하는가?

(3) 떡을 찔 때에 주의해야 할 점은 무엇인가?

실험 24 전분의 종류에 따른 과편의 질감 비교

과편이란 묵과 같은 형태의 음식으로 신맛이 나는 과즙에 설탕을 넣고 조리다가 녹말을 넣어 엉기게 하여 그릇에 쏟아 식혀서 알맞은 크기로 썬 음식을 말한다. 우리나라 최고의 조리서인 《규곤시의방(閨壼是議方)》에 만드는 방법이 나와 있고 1800년대의 문헌인 《진연의궤(進宴儀軌)》와 《진찬의궤(進饌儀軌)》등에도 기록되어 있어 궁중의 연회상차림에 자주 등장했던 음식이다. 색상이 아름다워 행사 음식으로 즐겨 이용되었고 제철과일을 이용해 많이 만들어 두었다가 후식으로 즐겨 먹었다.

우리나라의 전통 음식 중에서 전분의 겔화(Gel化)를 이용한 것들이 있는데 과편은 바로 그러한 음식이다. 그 외에도 도토리묵, 청포묵과 메밀묵 같은 묵 종류가 있다.

겔화가 이루어지는 과정은, 우리의 눈에는 보이지 않는 미립자가 액체 중에 분산되어 있는데 그 상태가 콜로이드 용액이며, 그 대표적인 게 전분 용액이다. 이 전분 용액을 호화시키면 유동성을 보유하고 있는 액체상태의 졸(sol)이 형성되고, 졸은 급속히 냉각시키거나 기타의 조건에 의해서 유동성을 잃고 약간의 탄력성을 보유한 반고체나 고체 상태가 되는데 이것이 겔(gel) 상태이다.

이 현상은, 호화된 전분분자가 냉각되면서 인접한 분자 사이에 수소결합이 생기고, 그 수소결합에 의해 분자 사이의 재결합이 일어나게 되며, 노화의 과정과 유사하다. 한편, 급히 냉각시킴으로써 수분이 미처 빠져나오지 못한 상태에서 입체적 망상구조를 형성하는 게 호화와의 차이점이다.

겔화 및 겔의 강도에 영향을 주는 인자는 다음과 같이 몇 가지가 있다. 첫째로 전분의 종류를 들 수 있다. 아밀로펙틴은 수소결합이 잘 일어나지 않으므로 겔이 잘 생기지 않는 반면에, 아밀로오스는 함량이 많을수록 겔의 강도가 강해진다.

둘째로 설탕으로 과량의 설탕은 친수성을 지님으로써 호화를 지연시키고 아밀로오스가 빠져나오는 것을 막아서 겔화를 억제한다. 셋째는 유기산으로 산은 전분분자를 가수분해하여 전분의 길이가 짧아지므로 입체적 망상구조를 형성하는 것이 방해되어 겔화가 억제되며, 겔의 강도도 약해진다.

〈목적〉

전분의 종류에 따른 과편형성 능력을 파악하여 가장 효과적으로 작용하는 전분의 종류를 알아본다.

〈재료 및 분량〉

오렌지 과즙 400g, 녹두 전분 15g, 고구마 전분 15g, 옥수수 전분 15g, 감자 전분 15g, 설탕 120g

〈기구 및 기기〉

300㎖ 비커 4개, 석면망 4개, 삼발이 및 알코올 램프 각 4개, 저울, 유리막대 4개, 초시계, 과편 틀 4개

〈방법〉

(1) 쌀다음과 같이 시료를 준비한다.

A : 오렌지 과즙 100g, 녹두 전분 15g, 설탕 30g

B : 오렌지 과즙 100g, 고구마 전분 15g, 설탕 30g

C : 오렌지 과즙 100g, 옥수수 전분 15g, 설탕 30g

D : 오렌지 과즙 100g, 감자 전분 15g, 설탕 30g

(2) 각각의 비커에 오렌지 과즙과 설탕 및 각 전분들을 넣고 저으면서 10분 동안 가열한다.

(3) 물기를 묻힌 과편 틀에 뜨거운 혼합액을 쏟는다.

(4) 완전히 식으면 적당한 크기로 잘라서 관능검사를 실시한다.

플로차트(Flow chart : 흐름도)

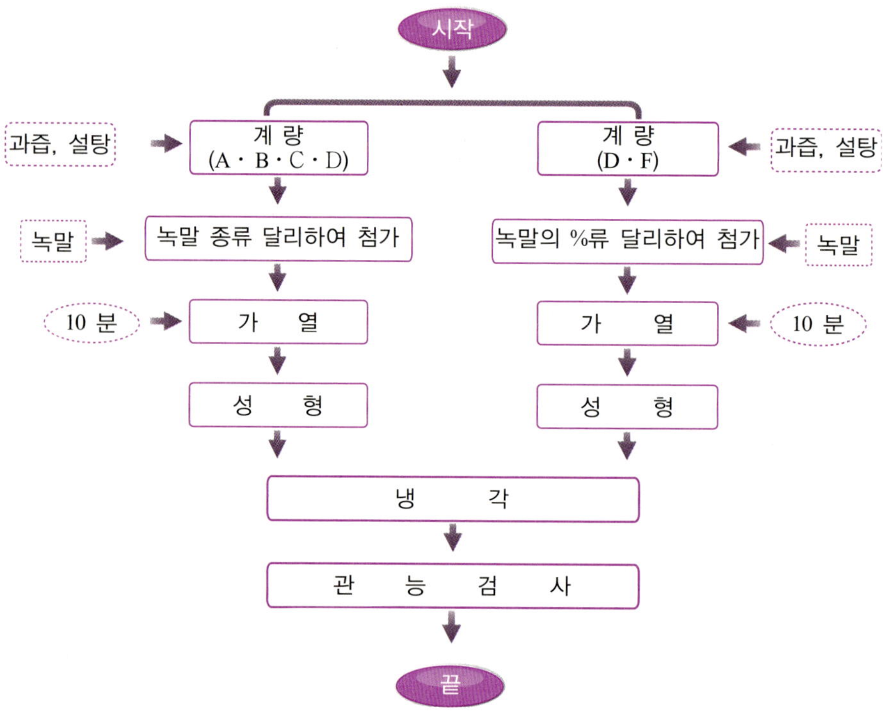

〈결과〉

구분	색	탄력성	부드러운 정도	질감	전체적 기호도
A					
B					
C					
D					

참고

- 과편에 사용되던 과일 중에서 앵두는 유기산과 펙틴 성분이 많아서 오래전부터 가장 많이 애용되어 왔던 대표적인 과편 재료이다.
- 과편의 종류에는 재료에 따라 앵두편, 모과편, 살구편, 산사편, 복분자편, 벗편, 들쭉편, 오미자병과 전분을 이용한 녹말편, 저여병, 모밀편 등이 있다.

〈문제〉

(1) 감자, 녹두, 옥수수 전분의 호화온도는 몇 도인가 ?

(2) 오렌지 과즙 외에 과편의 재료로 가능한 것에는 어떤 것들이 있는가 ?

(3) 노화에 대하여 기술하시오.

실험 25 젤라틴의 응고 특성 비교

젤라틴은 동물의 결체조직에 존재하는 콜라겐을 부분적으로 가수분해하여 얻게되는 유도단백질이다. 젤라틴을 이용한 대표적인 한국음식인 족편은 쇠머리나 쇠족 및 돼지미리 등을 이용히여 만든 음식으로 차게 먹어야 제 맛이 나는 겨울철 음식이다. 쇠족이나 쇠머리 등에는 힘줄 부위가 대부분이고, 이를 오래 고면 힘줄 부위에 많이 있는 단백질의 일종인 콜라겐(collagen)이 맑은 액으로 용해되지만, 식히면 젤라틴(gelatin)화하여 묵처럼 응고되는 특성이 있다.

이러한 특성을 이용하여 만든 투명한 느낌의 족편은 위에 얹은 고명들이 자연스레 어우러짐으로써 빚어진 무늬와 빛깔만으로도 보기에 아름다워서 궁중에서도 즐겨 먹었던 음식이다. 족편은 족병(足餠)에서 나온 이름인데, 병은 떡을 가리키는 한자말이다. 즉, 이 음식을 네모반듯하게 떡 모양으로 썰었기 때문에 이런 이름이 붙게 된 것으로 보인다. 그러나 족편은 화력의 강약이나 가열시간 등에 의해 제품의 견고도가 일정하지 않은 단점이 있다.

젤라틴은 설탕, 산, 효소, 소금 등의 첨가물에 영향을 받는다. 다량의 설탕은 겔의 강도를 감소시켜서 부드러운 젤리를 형성하는데, 이는 설탕이 젤라틴 분자의 망상구조 형성을 방해하기 때문이다. 따라서 20~25% 정도의 설탕 첨가가 적당하다. 과일즙이나 식초 등의 산도 젤라틴의 응고를 방해하는데, 소량의 산은 응고물을 부드럽게 하지만, 많은 양을 사용하면 응고하지 않으므로 주의하여야 한다.

신맛이 강한 과즙을 첨가할 경우에는 젤라틴 액과 함께 가열하기보다는 젤라틴액을 가열하여 식힌 다음에 과즙을 혼합하는 것이 산에 의한 젤라틴의 가수분해를 방지할 수 있다. 단백질 분해효소는 불완전단백질인 젤라틴을 분해하여 겔화되는 능력을 저하시키므로 통조림을 사용하거나 과즙을 미리 가열하여 효소를 불활성화시킨 후에 사용하는 것이 좋다. 그러나 소금은 물의 흡수를 막아서 젤의 강도를 높이므로 무기질 함량이 높은 물로 만드는 것이 더 좋다.

〈목적〉

족편이나 양갱 및 디저트 등의 원료로 많이 이용되는 젤라틴과 한천에 대하여 용해, 응고, 융해온도를 조사하고, 젤리의 강도를 측정하며, 관능평가를 통하여 젤라틴과 한천의 특성의 차이를 알아본다.

〈재료 및 분량〉

0. 2, 0. 5, 1, 2% 농도의 한천, 0. 5, 1, 2, 5% 농도의 젤라틴

〈기구 및 기기〉

300*ml* 비커 8개, 300*ml* 메스실린더, 유리봉, 저울, 일반 조리기구

〈방법〉

(1) 젤라틴과 한천은 각 농도별로 물에 녹여 10g 이 되도록 하여 비커에 넣어 흡수 팽윤시킨다.
(2) 각각을 가열시켜 녹인다.

(3) 각 비커는 냉동고에서 응고시킨다.

(4) 관능검사를 실시한다.

플로차트(Flow chart : 흐름도)

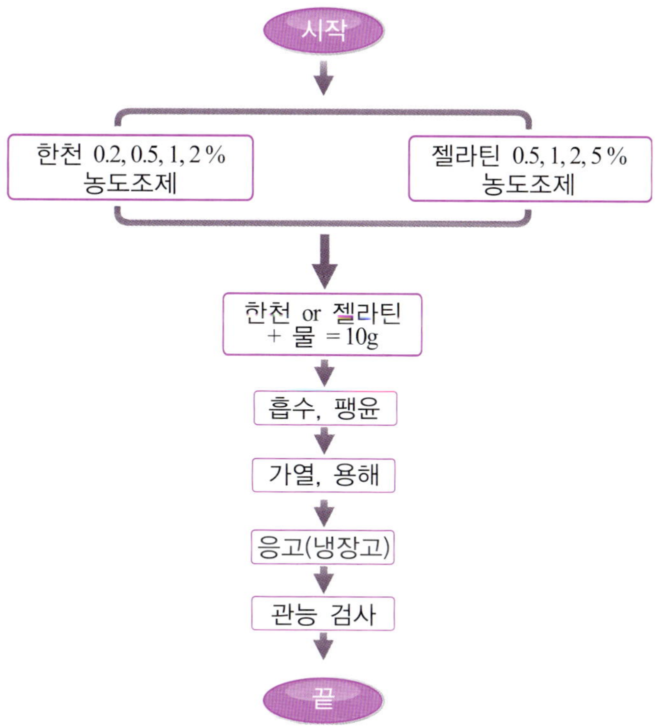

〈결과〉

시 료	농도(%)	외관	단단한 정도	입안에서의 느낌	전체적인 기호도
젤라틴	0.5				
	1.0				
	2.0				
	5.0				
한천	0.2				
	0.5				
	1.0				
	2.0				

〈문제〉

(1) 한천을 이용한 음식을 만들 때에 영향을 미치는 요인들과 그 이유를 조사하시오.

(2) 젤라틴과 한천의 용해온도, 응고온도, 융해온도 등을 조사하시오.

(3) 젤라틴과 한천의 성질을 조사하시오.

찾아보기 (INDEX)

ㅈ

ㅊ

ㅋ

ㅌ

ㅍ

ㅎ

INDEX

참고 문헌

- 고범석, 김덕희, 이원화, 김우철, "한국음식 메뉴 용례", 훈민사, 2008
- (사)궁중음식연구원, "조선왕조궁중음식", 2010
- 김광옥, 이영춘, "식품의 관능검사", 학연사, 1996
- 김기숙, "조리방법별 조리과학 실험", 교학연구사, 2001
- 김기숙, "조리과학", 수학사, 2005
- 김영복, "한국음식의 뿌리를 찾아서", 백산출판사, 2008
- 김완수, 신말식, 이경애, 김미정, "조리과학 및 원리", 라이프사이언스, 2005
- 김완수, 신말식, 정해정, 이경애, 김미정, "조리과학 및 실험", 라이프사이언스, 2006
- 농수산물유통공사 한식세계화팀, "맛있고 재미있는 한식이야기", 2010
- 배영희, 박혜원, 박희옥, 정혜정, 최은정, 채인숙, "조리응용을 위한 식품과 조리과학", 교문사, 2004
- 송주은, 현영희, 변진원, 백승희, 김종욱, 전기수, 김미정, "최신조리원리", 백산출판사, 2010
- 신말식, 이경애, 김미정, 김재숙, 황자영, "조리과학", 파워북, 2009
- 안동 장씨, "음식디미방", 경북대학교출판부, 2008
- 유덕인, "식품과 조리과학", 신광출판사, 2005
- 이용기, "조선쌍무신식요리제법", 궁중음식연구원, 2001
- 이주희, 김미리, 민혜선, 이영은, 송은승, 권순자, 김미정, 송효남, "식품과 조리원리", 교문사, 2012
- 정경연, "몸에 좋은 색깔음식" 50선, (주)고려원북스, 2005
- 정현숙, 김은정, 이난희, 박경숙, 김영희, "새로운 조리원리", 양서원, 2012
- 정혜경, "한국음식오디세이", 생각의 나무, 2007
- 주나미, 박상현. "조리과학 및 실험". 파워북. 2007
- 한국관광공사, "대한민국대표음식이야기", 넥서스 BOOKs, 2009
- 한국대학식품영양관련학과 교수협의회, "조리원리", 2007년

- (사)한국전통음식연구소, "아름다운 한국음식 100선", 한림출판사, 2010
- 한복려, "한복려의 우리 음식 287가지", 중앙 M&B, 2001
- 川端晶子, "調理科學實驗", 地人書館, 1996
- 21세기 연구회, 홍성철, 김주영 역, 진짜 세계사, "음식이 만든 역사", 미디어컴퍼니쿠켄, 2010
- Jeff Potter, 김정희 역, 괴짜과학자, "주방에 가다", 이마고, 2011
- Mehas Rodgers, 이경애, 김미정, 윤혜현, 송효남 역, 식품과학; "식품과 영양의 생화학", 라이프사이언스, 2008
- Peter Barham, 이충호 역, "요리의 과학", 한승, 2004
- Robert L. Wolke, 이창희 역, "아인슈타인이 요리사에게 들려준 이야기", 해냄, 2003

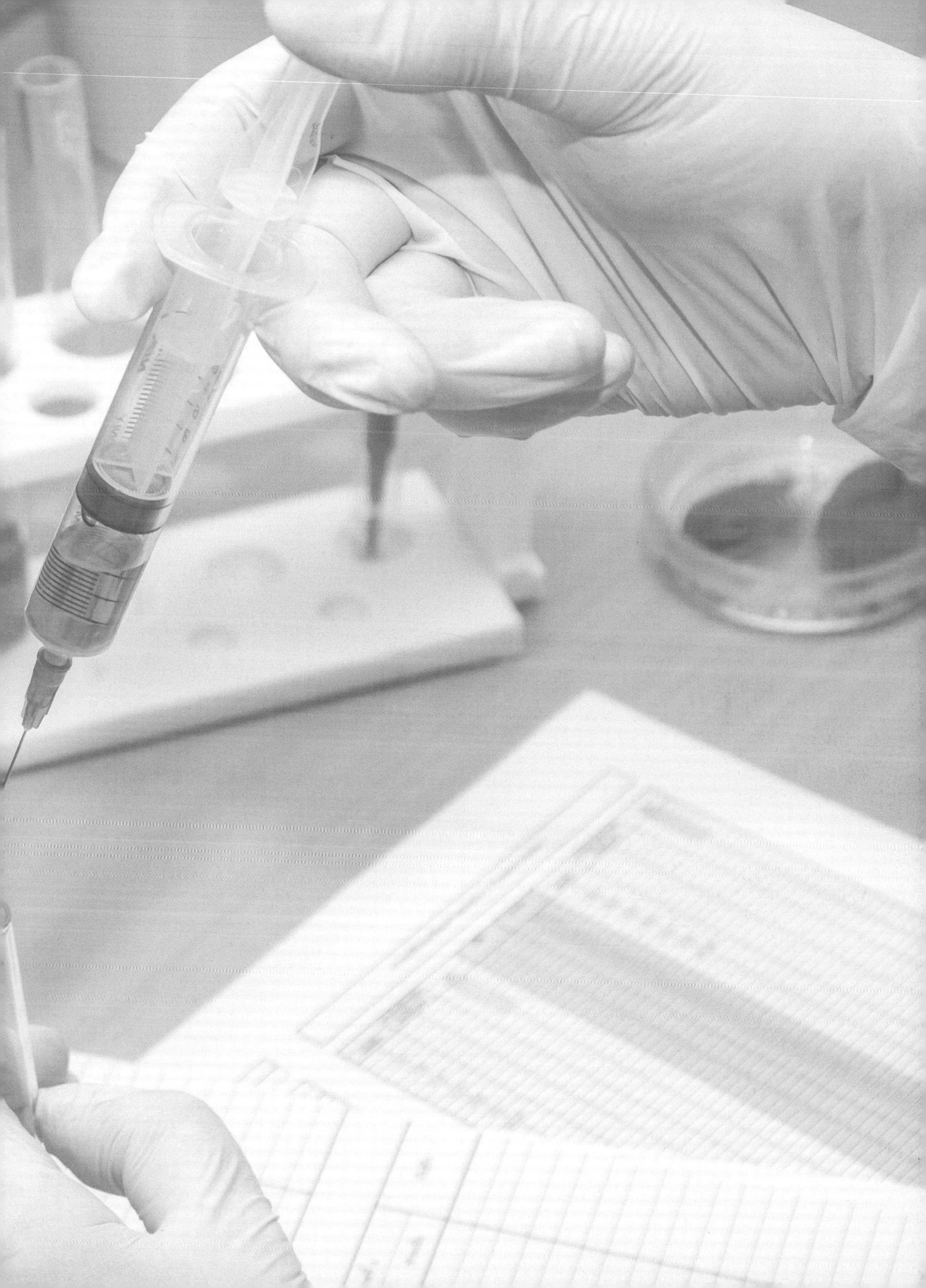